Alles agil?

Zwei Praxisorientierungen

Mareike Hattendorf
Alena Möbes

Hrsg.:
H. Reinke, P. Hoffmann
bifop Verlag, 2020

Impressum:

Verlagshaus bifop (H. Reinke & P. Hoffmann)
www.bifop.de

Satz: bifop
Umschlag: bifop

Die Inhalte des Anhänge sind auf Anfrage beim bifop-Verlag erhältlich.

ISBN (print) 978-3-948773-22-9
ISBN (eBook) 978-3-948773-23-6

Vorwort

Unternehmerinnen und Unternehmer, die sich mit Agilität befassen (müssen), werden sich verhältnismäßig schnell mit einem Geflecht inflationär genutzter Begriffe, stellenweise veralteter Auffassungen und auch mit überwiegend theoretischen Betrachtungen konfrontiert sehen. Ursprünglich in der IT- Entwicklung beheimatet, findet Agiles Arbeiten immer stärker seinen Weg auch in produzierende und dienstleistende Betriebe anderer Branchen.

Die Versprechen, die agile Prozesswerdung begleiten, sind oft hinreißend – da wird von Geschwindigkeit und Kostenersparnis, von Kundenbegeisterung und Mitarbeiterzufriedenheit gesprochen, ja: geschwärmt – und nichts davon ist etwa neu, im Gegenteil: es ist die „Begleitmusik" unternehmensstrategischer Umwälzungen, wie wir sie seit über 40 Jahren kennen.

Dennoch: Agilität in der Arbeitswelt ist anders als viele andere Konzepte. Der Reiz der Idee besteht in seiner Vielschichtigkeit, die bestechend einfach zu handhaben ist. Mit Agilem Arbeiten wird komplexes zu integrativem Handeln, wird Bürokratie beschnitten und Leichtfüßigkeit, nicht zuletzt auch im Umgang mit Irrtum und Fehler, ermöglicht.

Mareike Hattendorf gelingt es dabei, die Aktualität des „Agilen Manifestes" mit ihren Beobachtungen diverser Unternehmenswirklichkeiten zu reflektieren und zu aktualisieren. Mit dem von ihr geschaffenen „Drei-Ebenen-Modell" veranschaulicht sie ihre Erkenntnisse zu einem gelingenden Einstieg in die Welt des Agilen.

Einen anderen Blick auf die Wirklichkeit des Digitalisierens der Arbeitswelt wirft Alena Möbes, wenn sie die Einführung eines Social Intranets untersucht. Wo bisher Email und Firmen-Intranet die maßgeblichen Informationsquellen und Medien waren, sorgt nun ein Social Intranet für Tempo und Dynamik. Möbes ermittelt mit der Szenario-Technik ein gutes Bild der Anforderungen, etwaiger Überforderungen und zeigt auf, was Changemanagement konkret zu beachten und zu leisten hat, wenn technologische Wandlungen auch kulturelle Veränderungen bedeuten können.

Beide Arbeiten zeichnen sich durch eine hohe Praxisorientierung in relevanten Bezügen aus. Gründe also genug, um sich der Praxis zu widmen; um den Blick in die Arbeitswelt zu wagen und dort nach Umsetzung, nach Erfahrungswerten und „Umstiegs-Hilfen" zu suchen.

Prof. Dr. Hartmut Reinke, MBA

Bremen, im Oktober 2020

Mareike Hattendorf

Von der Aktualität des Agilen Manifests bis zur Einführung agilen Arbeitens in der Praxis

Alena Möbes

Die Einführung eines Social Intranets – Untersuchung des Mehrwerts und Analyse der Möglichkeiten für Unternehmen

Inhaltsverzeichnis

Abbildungsverzeichnis

Mareike Hattendorf

Von der Aktualität des Agilen Manifests bis zur Einführung agilen Arbeitens in der Praxis

Alena Möbes

Die Einführung eines Social Intranets – Untersuchung des Mehrwerts und Analyse der Möglichkeiten für Unternehmen

Tabellenverzeichnis

Mareike Hattendorf

Von der Aktualität des Agilen Manifests bis zur Einführung agilen Arbeitens in der Praxis

Alena Möbes

Die Einführung eines Social Intranets –

Untersuchung des Mehrwerts und Analyse der Möglichkeiten für Unternehmen

1. Ausgangssituation

Buzzwords wie „Interaktivität, Vernetzung, Personalisierung" oder auch „Echtzeit" zählen zu den Verdrängern der analogen Welt. Der technologische Wandel schreitet in sämtlichen Unternehmen weiter voran, ob in neuen digitalen Absatzkanälen oder unter Berücksichtigung digitaler Optionen im Business Process Management.[1] Ein passendes Beispiel für die Anpassung der Absatzkanäle ist die Supermarkt Kette REWE. Seit dem Jahr 2011 können Kunden ihren Einkauf über den Online-Shop erledigen. Eine Lieferung erfolgt danach direkt bis vor die Haustür. Die Bestellung über App ist ebenfalls möglich. In 75 Städten können Kunden seit inzwischen acht Jahren von diesem Service profitieren.[2] REWE hat die veränderten Kundenwünsche erkannt und kann so das Angebot attraktiv halten. Besonders im Hinblick auf den Wettbewerb, der diesen Service noch nicht anbieten kann. An diesem Beispiel wird deutlich, dass die neuen, digitalen Möglichkeiten dauerhaft auch das Verhalten der Menschen prägen. Die Anforderungen der Kunden an Unternehmen in den Bereichen der agilen Handlungsfähigkeit, der Persönlichkeit und der Individualisierbarkeit steigen zunehmend.[3] Das Arbeits- und Privatleben verändert sich und das Bewusstsein der Kunden entwickelt sich weiter. Damit ändern sich auch die Anforderungen an Organisationssysteme und -strukturen.[4]

Aus Unternehmensperspektive sind diese Veränderungen stark herausfordernd.[5] Ein zunehmender Druck entsteht parallel durch bereits reagierende und sich anpassende Wettbewerber, sodass Unternehmen immer mehr in Zugzwang geraten. Studien zeigen seit ungefähr vier Jahren einen deutlichen Anstieg bei der Anzahl der agil arbeitenden Unternehmen an.[6] Auch ich arbeite in einem Unternehmen, welches sich im August 2018 einer agilen Transformation unterzogen hat. Das Unternehmen ist ein digitales Dienstleistungsunternehmen, eine mittelständische Internetagentur in Hannover mit dem Fokus auf digitalen Absatzmodellen. Wir erstellen nicht nur digitale Marketing Konzepte, sondern programmieren auch Webseiten und Webshops. Zu digitalen Dienstleistungsunternehmen zählen Unternehmen, die sich auf digitale Dienstleistungen spezialisiert haben, diese verarbeiten und Daten beziehen, die an physischen Produkten oder physischen Prozessen erfasst werden. So wird ein Mehrwert geschaffen, indem Daten softwarebasiert verarbeitet werden und kundenindividuelle Informationen und Angebote über einen digitalen Kanal zur Verfügung gestellt werden.[7]

---

[1] *Gehrckens, H. M., Transformation*, 2016, S. 80.
[2] *REWE* Unternehmenskommunikation, Pressemeldung, 2016.
[3] *Gehrckens, H. M.*, Transformation, 2016, S. 80.
[4] *Lindner, D.*, KMU, 2019, S. 41.
[5] *Gehrckens, H. M.*, Transformation, 2016, S. 80.
[6] *GPM Deutsche Gesellschaft für Projektmanagement e. V*, Studie, 2017.
[7] *Kaufmann, M.*, Dienstleistungsinnovation, 2019, S. 20.

Vor einem Jahr waren unsere Arbeitsprozesse und unser Projektmanagement ganz klassisch aufgestellt. Wir haben nach bekannten, klassischen Projektmanagement-Standards unsere Projekte bearbeitet und abgewickelt. Seit ungefähr anderthalb Jahren können wir eine zunehmende Kundenunzufriedenheit feststellen. Diese rührt vor allem daher, dass Kleinigkeiten aus Support-Anfragen oft nicht schnell genug bearbeitet werden können. Dies ist zum einen auf Kapazitätsengpässe zurückzuführen, gleichzeitig aber auch auf die klassische Projektplanung.

Die Anforderungen von komplexen Website-Projekten werden im Vorfeld gemeinsam mit dem Kunden definiert. So ein Projekt dauert in der Regel ein halbes Jahr an. In diesem Zeitraum verändern sich jedoch die Kundenanforderungen und die ursprünglich geplante Zeit reicht nicht mehr aus. Für den Dienstleister ist es oberste Priorität dem Kunden gerecht zu werden, indem seine Änderungswünsche berücksichtigt werden und sich idealerweise dabei nicht einmal der Projektplan nach hinten verschiebt. Das ist jedoch eine Illusion, denn natürlich verschiebt sich das Timing und das Projekt wird deutlich länger. Und nicht nur das eine Projekt verschiebt sich, sondern auch die gesamte (Wasserfall-) Planung, die sich an das aktuelle Projekt anschließt. Die nachfolgenden Projekte müssen verschoben werden und diese Problematik potenziert sich mit jedem Projekt.

Mit der Einführung von agileren Arbeitsprozessen haben wir uns erhofft, schneller auf die wachsenden und sich ändernden Kundenanforderungen reagieren zu können. Nach einem Jahr Transformationsprozess können wir sagen, dass die Kundenzufriedenheit wieder steigt, wir verlässlicher in unseren Timings sind und schneller auf Bedürfnisse reagieren können. Wir können aber auch feststellen, dass dieses Jahr unglaublich nervenaufreibend und anstrengend war. Ja, es gibt das Agile Manifest der Softwareentwicklung. Und ja, es gibt agile Werte und Prinzipien. Aber es gibt keine allgemeingültige Anleitung wie diese Werte und Prinzipien in die Praxis umgesetzt werden können. Wie es möglich sein soll, seit siebzehn Jahren eingefahrene Prozesse und Denkweisen der Mitarbeiter aufzubrechen und zu verändern. Und niemand sagt einem, ob die Werte des Agilen Manifestes, welches dieses Jahr seinen achtzehnten Geburtstag feiern durfte, überhaupt noch aktuell sind und auch so anwendbar. So steckt hinter der Bearbeitung des Themas meiner Studie auch eine intrinsische Motivation mehr über die Anwendbarkeit und die Aktualität des achtzehn Jahre alten Schriftsatzes herauszufinden und dies zu erforschen.

1.2 Zielsetzung

In der Theorie gibt es bisher kaum Erkenntnisse über die Anwendbarkeit des Agilen Manifestes in digitalen Dienstleistungsunternehmen oder über die Aktualität dieser Werte und Prinzipen. Im Rahmen dieser Forschungsarbeit möchte ich herausfinden, wie digitale Dienstleistungsunternehmen das Agile Manifest der Softwareentwicklung anwenden können und ob und wie sich Unternehmen auf dieser Basis agil transformieren können. Dieses Untersuchungsinteresse ist begründet durch meine beruflichen Erfahrungen und steht somit im Mittelpunkt dieser Arbeit.[8] Des Weiteren möchte ich herausfinden, ob das achtzehn Jahre alte Agile Manifest noch aktuell ist und in seiner bestehenden Form auch anwendbar ist. Die Forschungsfrage dieser Arbeit dient als Interessenfokus, um das Erkenntnisinteresse während der gesamten Forschung zu konkretisieren[9]:

Wie können sich digitale Dienstleistungsunternehmen auf Basis des Agilen Manifests der Softwareentwicklung transformieren?

(Forschungsfrage)

Und welche Aktualisierungsbedarfe ergeben sich aus dem Untersuchungsinteresse gegenüber dem Agilen Manifest?

(Untergeordnete Fragestellung)

Die Ziele, die mit dieser Studie erreicht werden sollen, lassen sich in drei Kategorien unterteilen:

Zu der ersten Kategorie zählen die deskriptiven Ziele. In dieser Studie möchte ich aufzeigen, wie sich das Agile Manifest der Softwareentwicklung darstellt, wer daran mitgewirkt hat und welche Werte und Prinzipien das Manifest verfolgt. Ein IST-Stand soll zeigen, wie sich Dienstleistungsunternehmen heute entwickeln, welchen Anforderungen sie genügen müssen und wie ihnen agile Prozesse dabei helfen können.

Zu der zweiten Kategorie zählen analytische Ziele. Die Untersuchung soll Aufschluss darüber geben, wie das Agile Manifest der Softwareentwicklung in der Praxis angewendet werden kann und ob die darin enthaltenen Prinzipien und Werte noch aktuell sind.

Zur dritten Kategorie der Ziele gehören die pragmatischen Ziele. Ich erhoffe mir mit meinem Erkenntnisgewinn zum einen erste Ansätze für eine Anleitung entwickeln zu können, wie man agile Prozesse in digitalen Dienstleistungsunternehmen einführen kann und worauf man achten sollte. Zum anderen möchte ich bewerten, ob das Agile Manifest noch der heutigen Zeit entspricht oder ob es einer Aktualisierung bedarf.

Die Beantwortung meiner Forschungsfrage ist für die Praxis sehr bedeutsam. Viele Unternehmen spüren, dass Sie aufgrund der Digitalisierung neue Wege gehen müssen und stehen oft ohne Handwerkszeug da, wenn es darum geht erste agile Schritte zu wagen. Eine Anleitung, wie man Agilität auf Basis des Agilen Manifests der Softwareentwicklung in Unternehmen umsetzen kann, könnte für viele Unternehmen eine Hilfestellung darstellen.

[8] *Breuer, F.*, Breuer, 2019, S. 91.
[9] *Zepke, G.*, Forschung, 2016, S. 27.

1.2 Vorgehensweise

Wie in dem vorherigen Kapitel beschrieben, gibt es zu der Fragestellung wie sich digitale Dienstleistungsunternehmen auf Basis des Agilen Manifests transformieren können nicht ausreichend Literatur, die dies hinreichend beantworten könnte. Im Rahmen einer explorativen qualitativen Untersuchung geht es also primär um das Erschließen von Gegebenheiten, die bisher noch nicht bzw. zu wenig thematisiert wurden.[10] Der Anspruch der qualitativen Forschung besteht vor allem darin, die Sicht des handelnden Menschen zu beschreiben.[11] Es geht stärker darum das Fremde und Unerwartete als Erkenntnisquelle zu nutzen und daraus neue und erweiterte Möglichkeiten zu entdecken.[12] Zur Beantwortung des Untersuchungsinteresses dieser Arbeit spielt vor allem die Nähe zu Experten und zu deren Wissen eine große Rolle. Da die Literatur auf dieses Forschungsinteresse keine Antwort bietet, gibt es nur die Möglichkeit bei Experten direkt nachzufragen. Qualitative Forschung ermöglicht genau an dieser Stelle, aus der Perspektive von Betroffenen, die Entwicklung eines wesentlich plastischeren Bildes zum Untersuchungsgegenstand.[13]

Die Forschungsfrage dieser Arbeit bildet sich aus meinen praktischen Erfahrungen im Berufsalltag, weshalb implizite Thesen über den Forschungsgegenstand bestehen. Diese Thesen möchte ich für den bewussten Umgang mit den eigenen Vorannahmen verschriftlichen. So kann sichergestellt werden, dass die Annahmen den eigentlichen Untersuchungsprozess nicht verwässern.[14]

Thesen:

1. Es gibt keine allgemeingültige Anleitung zur Anwendung des Agilen Manifests der Softwareentwicklung
2. Unternehmen sind bei der agilen Transformation auf sich allein gestellt
3. Die Agile Unternehmenstransformation ist ein Trial-and-Error-Prinzip
4. Das Agile Manifest der Softwareentwicklung bildet die Grundlage für die agile Unternehmenstransformation
5. Das Agile Manifest der Softwareentwicklung bedarf aufgrund seines Alters einer Aktualisierung

Dieses Vorgehen spiegelt auch die dieser Arbeit zugrunde liegenden Prinzipien wider. Die aus der Praxiserfahrung abgeleiteten Thesen werden am Ende der Arbeit erneut aufgegriffen, sodass eine Beantwortung der Thesen erfolgen kann.

---

[10] *Buber, R./Holzmüller, H.*, Qualitative Marktforschung, 2009, S. 7.
[11] *Flick, U./Kardoff, E./Steinke, I.*, Qualitative Forschung, 2019, S. 14.
[12] Ebd.
[13] *Flick, U./Kardoff, E./Steinke, I.*, Qualitative Forschung, 2019, S. 17.
[14] *Zepke, G.*, Forschung, 2016, S. 28.

Im Rahmen dieser Forschungsarbeit werden fünf Experteninterviews auf Basis eines zuvor entwickelten Leitfadens durchgeführt. Das Interview ist teilstrukturiert, somit ist es möglich individuell auf den Experten einzugehen, sich jedoch auch auf theoretisch begründete und vorbereitete Fragen zu stützen. Ziel dieser Forschung ist das konkrete Nachfragen bei betroffenen Unternehmen im Dienstleistungssektor, Changemanagern oder Coaches, die Unternehmen bei diesem Prozess betreuen. Der Experte tritt in dieser Arbeit als Wissensvermittler auf.[15]

Es soll geklärt werden, wie sich das Agile Manifest der Softwareentwicklung bzw. die Agile Transformation in digitalen Dienstleistungsunternehmen umsetzen und einführen lässt. Die Spezifizierung auf digitale Dienstleistungsunternehmen dient im Rahmen dieser Forschungsarbeit als Abgrenzungskriterium. Dienstleistungssektoren sind bisher unterschiedlich digitalisiert und unterschiedlich agil, weshalb der zu untersuchende Umfang über digitale Dienstleistungsunternehmen hinaus den Rahmen dieser Arbeit zu stark vergrößern würde. Zudem stellt das Abgrenzungskriterium auch mein persönliches Interesse dieser Forschung dar. Die Fragestellung der Arbeit wird zusätzlich durch die Spezialisierung auf den deutschen Markt abgegrenzt. Der Fokus dieser Untersuchung liegt auf dem Agilen Manifest der Softwareentwicklung und berücksichtigt nicht die Entwicklung des Agilen im Allgemeinen.

Im Rahmen der Interviews gewonnene Erkenntnisse werden nach der Transkription in Anlehnung an die qualitativen Inhaltsanalyse nach Mayring ausgewertet und analysiert.[16] Daraufhin werden die Ergebnisse dargestellt und im Zusammenhang mit dem Anteil der bestehenden Theorie diskutiert. Ein Fazit rundet die Studie ab. Gegebenenfalls ist im Anschluss die Entwicklung von Ansätzen zu einer Anleitung und oder eine Aktualisierung des Agilen Manifests möglich.

[15] *Baur, N./Blasius, J.*, Methoden der empirischen Sozialforschung, 2014, S. 561.
[16] *Mayring, P.*, Sozialforschung, 2016, S. 114.

2. Theoretische Grundlagen

In den folgenden Kapiteln wird der theoretisch konzeptionelle Rahmen dieser Arbeit vorgestellt. Basis dafür ist die Entstehung des Agilen Manifests der Softwareentwicklung, die Begriffsklärung der Agilität sowie eine Definition zum agilen Projektmanagement.

2.1 Begriffsklärung: Agilität

Eine klassische Definition des Begriffs „Agilität" geht auf das lateinische Wort „agilis" zurück, dass sich mit „leicht zu führen, beweglich, geschäftig" übersetzen lässt.[17] Besonders die „Beweglichkeit" ist eine Eigenschaft die häufig unter Agilität verstanden und durch die Unternehmen für sich interpretiert wird. Die Entwicklung des Begriffs geht auf die frühen 1990er Jahre zurück. Die agilen Eigenschaften wurden als Wettbewerbsfokus identifiziert und zu dieser Zeit bedeutete agil zu sein, den Wandel zu beherrschen.[18] Also dem Wettbewerb auf Basis der agilen Fähigkeiten standzuhalten oder auch voraus sein zu können.

In dem Zeitraum von 1982 bis 2011 entwickelten sich viele verschiedene Konzepte, Theorien und Ansätze Agilität zu beschreiben. Insgesamt finden sich 24 verschiedene Definitionsansätze von verschiedensten Autoren zu dem Begriff Agilität.[19] So wird heute eher von Eigenschaften und Kennzeichen der Agilität, als von einer gültigen Definition gesprochen. Häusling, zertifizierter Scrum Master und als agiler Pionier bekannt, definiert die Kennzeichen von Agilität 2018 so:

„lassen sich folgende Kennzeichen von Agilität über alle Definitionen hinweg festhalten: Zeit, Kosten, Kompetenz, Flexibilität und Qualität sowie die »reaktive und proaktive Reaktion auf Marktveränderungen unter dem Fokus der Kundenzufriedenheit«."[20]

Hanschke, Autorin und Spezialistin für Lean Digitalisation, beschreibt die Agilität viel stärker als eine Denkhaltung:

„Agile beginnt im Kopf. Enge Kommunikation mit allen Beteiligten, Transparenz über Visualisierung und Ergebnisorientierung sowie Trennung von alten Zöpfen und Formalien, wie z. B. unproduktive Meeting-Marathons oder regelmäßige Berichterstattung ohne klaren Nutzen."[21]

---

[17] *Häusling, A./Rutz, B.*, Führungsstrukturen, 2017, S. 108.
[18] *Dove, R.*, Response Ability, 2001, S. 5–8.
[19] *Häusling, A.*, Organisationen, 2018, S. 29.
[20] *Häusling, A.*, Organisationen, 2018, S. 30.
[21] *Hanschke, I.*, Unternehmenspraxis, 2017, S. 2.

Die Firma *goetzpartners*, ein Unternehmen, welches sich im Wandel befindende Unternehmen begleitet und berät, beschreibt in ihrem Journal zum Agilen Performer Index die Agilität so:

> *„Agilität ist die Fähigkeit einer Organisation, sich zeitnah, effektiv und nachhaltig zu verändern, um Performance-Vorteile zu erzielen."*[22]

Zusammengefasst lässt sich sagen, dass es derzeit keine allgemeingültige Definition von Agilität gibt. Agilität ist vielmehr eine Denkhaltung, die durch bestimmte Kennzeichnungen ausgemacht und gelebt wird. Dazu zählen die Flexibilität auf Anforderungen im Markt reagieren zu können, die Kundenzufriedenheit in den Mittelpunkt zu stellen und dabei so transparent, effizient und nachhaltig vorzugehen wie möglich.

Grundlage für die agile Arbeitsweise sowie die agile Unternehmenstransformation kann daher keine allgemeingültige Definition sein, sondern vielmehr das Agile Manifest der Softwareentwicklung mit seinen insgesamt vier Werten und zwölf Prinzipien, welches das Ziel verfolgt, eine Hilfestellung für die Art und Weise der Umsetzung und die Herangehensweise an Projekte zu sein.[23]

---

[22] *Prodoehl, H. G., Olbert, S., Prof. Worley C. G.*, Agilität Wettbewerb, S. 5.
[23] *Bartonitz, M.* u. a., Agile Verwaltung, 2018, S. 3.

2.2 Entstehung des Agilen Manifests

Die Entstehung des Agilen Manifests geht auf das Jahr 2001 zurück. Vom 11. bis 13. Februar 2001 trafen sich siebzehn Experten aus unterschiedlichsten Bereichen im Ski-Gebiet von Utah, einem Bundesstaat der Vereinigten Staaten von Amerika, um sich gemeinsam zu aktuellen Schwierigkeiten in der Softwareentwicklung auszutauschen.

Kent Beck Mike Beedle Arie van Bennekum Alistair Cockburn Ward Cunningham Martin Fowler	James Grenning Jim Highsmith Andrew Hunt Ron Jeffries Jon Kern Brian Marick	Robert C. Martin Steve Mellor Ken Schwaber Jeff Sutherland Dave Thomas

Abbildung 1 - Namen der Entwickler des Agilen Manifests[24]

Dabei entstand das *Agile Manifest der Software Entwicklung*.[25] Unter den siebzehn Experten, welche allesamt männlich sind, finden sich in der Branche bekannte Namen wie Ken Schwaber (der Erfinder der Scrum Methodik) oder Kent Beck (der Erfinder von Extreme Programming). Aber auch Buchautoren aus diesem Bereich sind vor Ort gewesen: wie zum Beispiel Martin Fowler und Andrew Hunt. Alle Experten stammen aus dem Bereich der Softwareentwicklung, weshalb das Agile Manifest offiziell den Namen *Manifest für Agile Softwareentwicklung* trägt.[26]

Grund für dieses Zusammentreffen war die immer zunehmende Komplexität in Software-Projekten. Die Anforderungen der Kunden steigen bis heute kontinuierlich an, somit auch die Komplexität.[27] Die siebzehn Begründer des Agilen Manifests haben es sich zum Ziel gesetzt, diesen Anforderungen besser begegnen zu können und somit schneller zum eigentlichen Projektziel zu gelangen.[28]

Um ein Projekt aber als erfolgreich betiteln zu können, spielen neben dem Faktor Qualität und der Zeit auch die Einhaltung des Budgets eine große Rolle.[29] Die Experten standen vor der Herausforderung eine Hilfestellung zu entwickeln, die nicht nur dabei unterstützt, zum eigentlichen Ziel zu kommen, sondern auch das Planungsinstrument des magisches

[24] *Beck, K./Beedle, M.*, Manifest, 2001.
[25] *Oestereich, B./Weiss, C.*, Projektmanagement, 2008, S. 25.
[26] *Beck, K./Beedle, M.*, Manifest, 2001.
[27] *Häusling, A.*, Organisationen, 2018, S. 19.
[28] *Sauter, R./Sauter, W./Wolfig, R.*, Agile Werte, 2018, S. 19.
[29] *Agile Master*, Agile Master, 2019.

Dreiecks entsprechend berücksichtigt. Dieses besteht aus den drei Faktoren Qualität, Zeit und Budget. Ein Projekt gilt demnach als erfolgreich, wenn alle drei Faktoren im Einklang sind.

Von großer Bedeutung ist jedoch auch die für den Kunden gemessene Qualität. Meist noch während des Projektverlaufs, ändern sich Anforderungen, auf die das Projektteam reagieren muss. Wenn das Projektteam dazu nicht in der Lage ist, verspürt der Kunde eine Enttäuschung und kann für sich selbst keine Projektqualität messen. Nur wenn alle Beteiligten gemeinsam an dem Projekt arbeiten, Kunden sowie Lieferanten und Entwickler kann es gelingen das bestmögliche Ergebnis zu erzielen.[30]

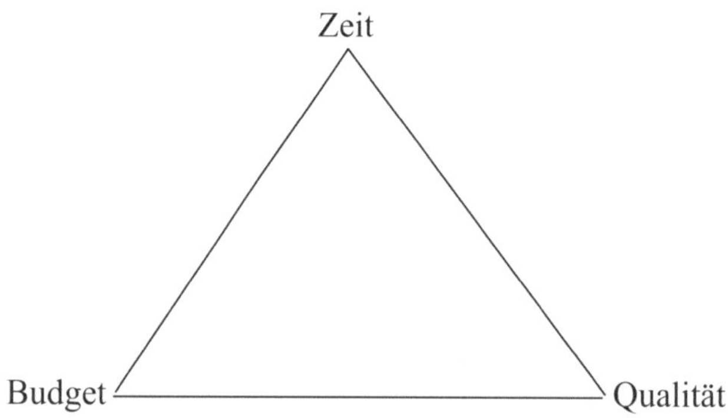

Abbildung 2 - Magisches Dreieck des Projektmanagements[31]

2.3 Agile Werte und Prinzipien

Das Agile Manifest der Softwareentwicklung besteht aus insgesamt vier Werten und zwölf Prinzipien bzw. Richtlinien, die mehr als ein Mindset als eine konkrete Handlungsempfehlung zu verstehen sind. Das Mindset beeinflusst, bewusst oder unbewusst, die Denkhaltung, die Gestaltung von Prozessen, aber auch die Entscheidungsfindung der Handlungen.[32] Somit bilden die Werte die Basis der agilen Arbeitsweise und geben damit auch den Weg des Erfolges vor.[33] In der folgenden grafischen Übersicht werden die vier Werte des Agilen Manifests vorgestellt.

---

[30] *Bartonitz, M.* u. a., Agile Verwaltung, 2018, S. 4.

[31] Ebd.

[32] *Kusay-Merkle, U.*, Kusay-Merkle 2018, 2018, S. 54.

[33] *Sauter, R./Sauter, W./Wolfig, R.*, Agile Werte, 2018, S. 23.

Agile Werte

Wir erschließen bessere Wege, Dienstleistungen zu entwickeln, indem wir es selbst tun und anderen dabei helfen. Durch diese Tätigkeit haben wir diese Werte zu schätzen gelernt:

Individuen und Interaktionen	☞	mehr als Prozesse und Werkzeuge
Funktionierende Dienstleistungen	☞	mehr als umfassende Dokumentation
Zusammenarbeit mit dem Kunden	☞	mehr als Vertragsverhandlung
Reagieren auf Veränderung	☞	mehr als das Befolgen eines Plans

Quelle: In Anlehnung an agilemanifesto.org, Verfasser Agiles Manifest, 2001[34]

Das heißt, obwohl wir die Werte auf der rechten Seite wichtig finden, schätzen wir die Werte auf der linken Seite höher ein."

Die Autoren des Agilen Manifestes betonen, dass die Werte auf der linken Seite für sie einen höheren Stellenwert haben, als die Werte auf der rechten Seite. Das bedeutet aber nicht, dass die Werte auf der rechten Seite keine Bedeutung haben und vernachlässigt werden können. Diese Werte sind ebenfalls wichtig.[35] Im Folgenden werden die Werte des Agilen Manifests beispielhaft beschrieben:

Individuen und Interaktionen mehr als Prozesse und Werkzeuge

Es ist wichtiger mit dem Kunden auf einer Ebene zu agieren und sich auszutauschen, um ein gutes Projektergebnis zu erreichen, als einen hohen Wert auf Prozesse und Werkzeuge zu legen. Aber auch Prozesse und Werkzeuge können helfen ein besseres Ergebnis zu erzielen. Im Fokus dieses Wertes steht jedoch die Befriedigung der Bedürfnisse aller Beteiligten.

Funktionierende Dienstleistungen mehr als umfassende Dokumentation

Dieser Wert bringt die Bedeutung der Qualität zum Ausdruck. Es ist wichtig, dass der Kunde funktionierende Software bzw. Endprodukte geliefert bekommt. Nur so sind langfristige Kundenbeziehungen möglich. In dem Wort „funktionierende" steckt jedoch nicht nur die Benutzbarkeit, sondern auch die Nachhaltigkeit. Die Dokumentation ist daher nicht so wichtig wie die funktionierende Software.

Zusammenarbeit mit dem Kunden mehr als Vertragsverhandlung

---

[34] *Beck, K./Beedle, M.*, Manifest, 2001.
[35] *Agile Master*, Agile Master, 2019.

Erneut stellt das Agile Manifest den persönlichen Austausch über Formalien. Es ist wichtiger gemeinsam mit dem Kunden zu arbeiten, als einen wasserdichten Vertrag aufzusetzen. Das „Gemeinsam" wird vor allem in der agilen Methodik des Scrum deutlich. Dort nimmt der Kunde eine Position ein, die eng mit dem Entwicklerteam verbunden ist.

Reagieren auf Veränderung mehr als das Befolgen eines Plans

Das ist meist einer der Hauptgründe, warum sich Unternehmen heute agil transformieren.[36] Es muss die Möglichkeit geben, schnell und flexibel auf Veränderungen reagieren zu können. Selbst manche Gesetzesänderungen kommen so schnell, dass die Software nicht darauf vorbereitet ist. Dies muss ebenfalls eingeplant werden und in so einem Fall ist es wichtig, die geplanten Wege zu verlassen, um agil auf Veränderungen zu reagieren.

Schwaber und Sutherland, die Begründer des Agilen Manifests, leiten im Jahr 2017 die Agilen Werte am Beispiel der Anwendung Scrum mit neuen Erweiterungen ab.[37] Scrum ist ein Vorgehensmodell oder auch Framework in der agilen Softwareentwicklung, welches davon ausgeht, das Projekte aufgrund ihrer Anforderungen und der steigenden Komplexität nicht im Vorfeld detailliert zu planen sind.

Die Planung erfolgt daher schrittweise, in sogenannten Sprints, die jeweils ein kleines, testbares Produkt als Ergebnis haben.[38] Schwaber und Sutherland leiten folgende agile Werte für den Scrum-Prozess ab[39]:

- Mut,
- Fokus,
- Commitment,
- Respekt,
- Offenheit,
- Wertschätzung
- und Vertrauen.

Nachfolgend werden die zwölf Prinzipien des Agilen Manifests vorgestellt.

1. Unsere höchste Priorität ist es, den Kunden durch frühe und kontinuierliche Auslieferung wertvoller Software zufrieden zu stellen.

[36] *Heinemann, G./Gehrckens, H. M./Wolters, U. J.*, Digitale Transformation, 2016, S. 105.
[37] *Schwaber, K., Sutherland, J.*, Scrum Guide, 2017, S. 5.
[38] *Siepermann, M.*, Scrum, 2018.
[39] *Schwaber, K., Sutherland, J.*, Scrum Guide, 2017, S. 5.

2. Heiße Anforderungsänderungen selbst spät in der Entwicklung willkommen. Agile Prozesse nutzen Veränderungen zum Wettbewerbsvorteil des Kunden.
3. Liefere funktionierende Software regelmäßig innerhalb weniger Wochen oder Monate und bevorzuge dabei die kürzere Zeitspanne.
4. Fachexperten und Entwickler müssen während des Projektes täglich zusammenarbeiten.
5. Errichte Projekte rund um motivierte Individuen. Gib ihnen das Umfeld und die Unterstützung, die sie benötigen und vertraue darauf, dass sie die Aufgabe erledigen.
6. Die effizienteste und effektivste Methode, Informationen an und innerhalb eines Entwicklungsteams zu übermitteln, ist im Gespräch von Angesicht zu Angesicht.
7. Funktionierende Software ist das wichtigste Fortschrittsmaß.
8. Agile Prozesse fördern nachhaltige Entwicklung. Die Auftraggeber, Entwickler und Benutzer sollten ein gleichmäßiges Tempo auf unbegrenzte Zeit halten können.
9. Ständiges Augenmerk auf technische Exzellenz und gutes Design fördert Agilität.
10. Einfachheit -- die Kunst, die Menge nicht getaner Arbeit zu maximieren -- ist essenziell.
11. Die besten Architekturen, Anforderungen und Entwürfe entstehen durch selbstorganisierte Teams.
12. In regelmäßigen Abständen reflektiert das Team, wie es effektiver werden kann und passt sein Verhalten entsprechend an.

Quelle: In Anlehnung an agilemanifesto.org, Verfasser Agiles Manifest, 2001[40]

Auf Basis dieser Prinzipien spiegelt sich die Haltung der Autoren sehr gut wider. Die Prinzipien sind ergänzend zu den grundlegenden Agilen Werten zu verstehen. Im Kern zusammengefasst ergeben sich daraus folgende Leit- bzw. Richtlinien für die Prinzipien des Agilen Manifests[41]:

Die Mitarbeitenden stehen im Mittelpunkt

Die Interaktion der Mitarbeiter steht im Vordergrund. Sie sind die Prozessgestalter für die Einbindung von Stakeholdern und Kunden. Der Fokus liegt klar auf den Kunden, jedoch haben die eigenen Mitarbeiter die oberste Priorität.[42]

Selbstorganisation

---

[40] *Beck, K./Beedle, M.*, Manifest, 2001.
[41] *Sauter, R./Sauter, W./Wolfig, R.*, Agile Werte, 2018, 28 ff.
[42] Ebd.

Die Mitarbeiter gestalten Ihre Arbeitsprozesse selbst und stimmen diese mit der Führungskraft ab. Die eigentliche Umsetzungsverantwortung obliegt jedoch dem gesamten Team.[43]

Interdisziplinäre Teams

Das Team muss auf das eigentliche Projektziel abgestimmt sein und so macht es Sinn, dass alle Beteiligten aus unterschiedlichen Stufen der Wertschöpfungskette bestehen.[44]

Kontinuierliche Reflexion und laufende Anpassung

Das Team reflektiert seine Arbeit und seine Prozesse, sodass laufend Anpassungen vorgenommen werden können.[45]

Direkte und offene Kommunikation auf Augenhöhe

Innerhalb des Teams gibt es keine Hierarchien, die eine Bedeutung bei der täglichen Arbeit und im täglichen Umgang miteinander haben.[46]

Qualität im Kern

Der Fokus auf Exzellenz und Qualität fördert die Agilität und ist daher von hoher Bedeutung.[47]

Einfachheit

Der Umsetzungsprozess wird so einfach und schlicht gehalten wie nur möglich. Alles was nicht zum eigentlichen Ziel beiträgt und dies verwässert muss aus dem Prozess ausgeklammert werden.[48]

Flexibilität

Das Projektteam muss in der Lage sein sich flexibel auf die Anforderungen und Änderungen des Kunden einstellen zu können. Das ist besonders wichtig, um Kundenwünsche zu erfüllen und dem gemeinsamen Ziel näher zu kommen.[49]

---

[43] Ebd.
[44] Ebd.
[45] *Beck, K./Beedle, M.*, Manifest, 2001.
[46] *Sauter, R./Sauter, W./Wolfig, R.*, Agile Werte, 2018, 28 ff.
[47] *Beck, K./Beedle, M.*, Manifest, 2001.
[48] *Sauter, R./Sauter, W./Wolfig, R.*, Agile Werte, 2018, S. 29.
[49] Ebd.

Frühe Lieferung des Geschäftswertes

Es ist immer das Ziel in agilen Prozessen möglichst früh testbare Teile des Gesamtprojektes an den Kunden zu übergeben. So lässt sich nicht nur das gegenseitige Verständnis prüfen, sondern auch die Gemeinschaft fördern.[50]

Konstante Geschwindigkeit

Eine konstante Geschwindigkeit während des Projektes ist nicht nur effizient, sondern fördert auch eine gesunde Arbeitsplanung. Ziel ist es weder den Mitarbeiter noch den Kunden zu überfordern.[51]

[50] *Beck, K./Beedle, M.*, Manifest, 2001.
[51] *Sauter, R./Sauter, W./Wolfig, R.*, Agile Werte, 2018, S. 29.

2.4 Agiles Projektmanagement in digitalen Dienstleistungsunternehmen

Agilität ist nicht nur im Projektmanagement zu finden, sondern kann auch die ganze Organisation umfassen. Demnach kann ein ganzes Unternehmen dem Grundsatz der agilen Werte und Prinzipien folgen und sich zum Beispiel einer Organisationsform wie der Holokratie annehmen.[52] Das Agile Manifest der Softwareentwicklung fokussiert sich jedoch auf die Anwendung IT-naher Projekte, weshalb die agile Vorgehensweise im Projektmanagement wie folgt beschrieben wird:

Heutzutage wird im Projektmanagement zwischen zwei Vorgehensarten- oder -ansätzen unterschieden. Dem klassischen und dem agilen Projektmanagement. Mit beiden Methodiken können Projekte bearbeitet und abgeschlossen werden. Ein Projekt definiert sich als ein zeitlich begrenztes Vorhaben, um ein Ergebnis zu erstellen.[53] Um den Erfolg eines Projektes zu messen, wird das Modell des magischen Dreiecks herangezogen (Vgl. Kapitel 2.2). Projekte sollen in angemessener Qualität, der geplanten Zeit und dem geplanten Budget umgesetzt werden.[54] Jahrelang wurde in digitalen Unternehmen und Agenturen auf das klassische Projektmanagement zurückgegriffen.

Das klassische Projektmanagement bedient sich am sog. Wasserfall-Modell. Dies ist ein lineares Vorgehen bei dem Umfang und Inhalt, aber auch Zeit und Kostenrahmen von Beginn an feststehen. Das agile Vorgehen hingegen ist werte- also value-getrieben. Es kann sowohl iterativ als auch inkrementell (also in Teilen) geplant werden.[55] Je nach Methodik kann das Vorgehen variieren.

Während das klassische Projektmanagement es ermöglicht eine termingenaue Fertigstellung vorauszusagen, ermöglicht eine agile Umsetzung nur die Vorhersage zur Fertigstellung eines Inkrements, also eines kleinen Teils. An diesen Gegensätzen zeigt sich, dass die Vorgehensweisen absolut verschieden sind.

[52] *Lindner, D.*, Holokratie, 2016.
[53] *Kusay-Merkle, U.*, Kusay-Merkle 2018, 2018, S. 10.
[54] *Sven, A. M.*, Sven 2019, 2019.
[55] *Kusay-Merkle, U.*, Kusay-Merkle 2018, 2018, S. 20.

Merkmale im Projektmanagement	
Klassisch	**Agil**
• Anforderungen sind vorab definiert • So wenig Veränderung wie möglich • Fertigstellung des Projektes zu einem abgestimmten Termin • Steakholder werden zu jeweiligen Meilensteinen beteiligt	• Anforderungen können dynamisch sein • Anpassungen sind immer möglich • Regelmäßiger Austausch und Abnahmen zu ersten Inkrementen • Starke Einbindung der Steakholder

Abbildung 3 Merkmale im Projektmanagement[56]

Eine Studie der GPM Deutsche Gesellschaft für Projektmanagement e. V. aus dem Jahr 2017 zeigt die Gewichtung agiler Prozesse im Projektmanagement. An der Studie haben insgesamt 1.000 Teilnehmer aus insgesamt 30 Ländern teilgenommen. Ein besonders interessanter Wert ist die Nutzungsdauer von agilen Methodiken. Fast drei Viertel der Studienteilnehmer gaben an, agile Methoden erst seit vier Jahren zu benutzen.[57]

Laut einer Studie des Instituts für Beschäftigung und Employability, ebenfalls aus dem Jahr 2017, sind die größten Herausforderungen bei der digitalen Transformation das Managen zunehmender Komplexitäten in der Zusammenarbeit.[58] Gerade in agilen Prozessen ist es wichtig Stakeholder an einem Tisch zu vereinen, um vom Wissen jedes einzelnen zu profitieren. Das Ergebnis beider Studien zeigt, dass trotz der steigenden Anforderungen an Projektmanager der Weg in die agile oder auch halbagile Welt unumstößlich ist. 37% der befragten Unternehmen gaben an eine hybride Arbeitsweise umzusetzen. Also keine rein agile, sondern eine Mischung aus klassischer und agiler Arbeitsweise. Nur 12% arbeiten noch im rein klassischen Format.[59]

56

57 *GPM Deutsche Gesellschaft für Projektmanagement e. V*, Studie, 2017, S. 7.

58 *Institut für Beschäftigung und Employability*, Institut für Beschäftigung und Employability 2017, 2017.

59 *GPM Deutsche Gesellschaft für Projektmanagement e. V*, Studie, 2017, S. 11.

3. Agilität in Dienstleistungsunternehmen

In den folgenden Kapiteln wird die Bedeutung der Digitalisierung bezugnehmend auf agiles Arbeiten dargestellt. Es wird auf Basis der Literaturanalyse beschrieben, wie sich eine Organisation agil transformieren kann und wie weit Agilität in Deutschland verbreitet ist.

3.1 Der digitale Wandel – Auswirkungen auf Unternehmensstrukturen

Mit großer Geschwindigkeit erfasst deutsche Unternehmen die Welle der Digitalisierung. Analog war gestern und heute bestimmt die Digitalität unseren Alltag. Seit dem Jahr 2002 sprechen Experten davon, dass sich unsere Welt im digitalen Wandel befindet.[60] Die Grenzen zwischen den Online- und Offline-Medien verschwimmen immer stärker und die Macht der Digitalisierung ist allgegenwärtig. Anfang 2013 wurde von knapp drei Milliarden Nutzern das Medium Internet genutzt. Bis zum Jahr 2020 soll die Zahl der Internetnutzer auf sechs bis acht Milliarden Nutzer steigen.[61] Auf der ganzen Welt werden Systeme entwickelt, die die analoge Welt mit der digitalen synchronisieren sollen. Ein gutes Beispiel dafür ist die CD. Vor ein paar Jahren war es völlig normal den CD-Player zu benutzen, um Musik zu hören. Inzwischen wurde die gesamte Musikbranche digitalisiert. Vorreiter wie YouTube haben es geschafft Musik online und digital zugänglich zu machen. Neue Absatzmodelle wie Spotify oder Deezer sorgen für entsprechende Einnahmen und spezialisieren sich auf Musik, Hörbücher und Podcasts während YouTube inzwischen auch über Politik, Ökologie, Umweltkatastrophen und Zeitgeschehen berichtet.[62]

Eine andere Sichtweise ist die der Unternehmen. Die digitalen Technologien verändern den Unternehmensalltag. Neue Arbeitsformen, die vor einigen Jahren noch für unmöglich gehalten wurden, entwickeln sich. Inzwischen können Mitarbeiter mit einer Internetverbindung über Cloud-Lösungen auf Firmendaten zugreifen und von überall arbeiten.[63] Generell stellen alle Berufe, die von Kommunikation und Wissen geprägt sind, die zukünftige Arbeitsweise in Frage.[64] Die Digitalisierung fordert nach neuen Arten der Zusammenarbeit. Es liegt in den Zeiten des digitalen Wandels nun vielmehr an den Unternehmen diesen Prozess aktiv zu gestalten und eigene Strukturen zu optimieren.[65]

Die Firma Bitkom Research, die ein Tochterunternehmen des Digitalverbands Deutschlands ist, hat im Jahr 2018 eine Studie zum Digitalisierungsgrad von insgesamt 604

[60] *Wolan, M.*, Innovation, 2018, S. 10.
[61] *Wolan, M.*, Innovation, 2018, S. 11.
[62] *Reutner, U.*, Revolution, 2012, S. 9.
[63] *Wagner, D. J.*, Digital Leadership, 2018, S. 29.
[64] *Beckedahl, M./Lüke, F.*, Digitale Gesellschaft, 2012, S. 140.
[65] *Beckedahl, M./Lüke, F.*, Digitale Gesellschaft, 2012, S. 143.

Unternehmen veröffentlicht.[66] Knapp 35% der Befragten Unternehmen geben an, sich im Prozess der Unternehmensdigitalisierung als Vorreiter anzusehen. Knapp 60% geben an, sich derzeit noch als Nachzügler zu fühlen und die Digitalisierung noch nicht aktiv zu gestalten. Die Industrie und Handelskammer hat im November 2017 insgesamt 1.806 Unternehmen befragt, welche Auswirkungen die Digitalisierung auf bestimmte Kriterien hat. Demnach geben 87% der Befragten Unternehmen an, dass der Bedarf an Weiterbildung der Mitarbeiter im Rahmen der Digitalisierung stark steigt.[67] Viele Unternehmen spüren die Veränderung und realisieren, dass die alten Arbeitsweisen heute nicht mehr funktionieren.[68] Starre Abteilungsgrenzen, hierarchische Entscheidungsprozesse und organisatorisch aufgestellte Silos stoßen in einer digitalen Welt an ihre Grenzen.

Dieses „fordistisch"-bürokratische Konzept, welches die Wirtschaft über 100 Jahre geprägt hat, fordert in der heutigen Arbeitswelt lange Planungszeiten und starre bürokratische Abläufe. Es kostet die Mitarbeiter nicht nur einen langen Atem, sondern auch viel Zeit.[69] Heute müssen genau diese Anforderungen von Unternehmen bearbeitet und gelöst werden. Entwicklungszyklen müssen effizienter, besser planbar und schnell anpassbar sein. Verändern sich die Anforderungen des Kunden, so muss die Möglichkeit bestehen, diese anzupassen.[70] Daraus entwickelt sich die Idee des agilen Unternehmens, indem alles miteinander vernetzt ist, dass besonders flexibel reagiert werden kann und die einzelnen Wertschöpfungsketten in Teams vereint sind.[71] Agile Methodiken werden auch als effiziente Methode gesehen, um in Digitalisierungsprojekten individueller reagieren zu können.[72] Dominik Lindner spricht in seiner Studie mit Dr. Christian Leyh aus dem Jahr 2018 davon, dass „die digitalen Ideen (bspw. Homeoffice) ohne agile Richtlinien (Aufhebung der Anwesenheitspflicht etc.) nicht möglich sind."[73]

3.2 Die agile Unternehmenstransformation

Für viele Unternehmen prallen, in der Zeit der Digitalisierung, Welten aufeinander. Die sich rasant verändernde Umwelt auf der einen Seite und die oft noch stark bürokratisierten Prozesse im Unternehmen selbst.[74] Auch die zunehmende Herausforderung der Ambidextrie, also das geförderte Zusammenspiel zwischen Effizienz und Innovation, bringt Unternehmen an ihre Grenzen.[75] Die Entwicklung einer agilen Organisation kann für viele Unternehmen im digitalen Dienstleistungssektor der Schlüssel sein, um dem Wettbewerb zu trotzen

[66] *Bitkom Research*, Digitalisierungsgrad, 2018.
[67] *DIHK*, Umfrage, 2017.
[68] *Laloux, F.*, Reinventing Organizations, 2016, S. 14.
[69] *Boes, A.* u. a., Organisationsformen, S. 12.
[70] *Häusling, A.*, Organisationen, 2018, S. 17.
[71] *Boes, A.* u. a., Organisationsformen, S. 13.
[72] *Lindner, D.*, KMU, 2019, S. 42.
[73] *Lindner, D.*, KMU, 2019, S. 37.
[74] *Häusling, A.*, Organisationen, 2018, S. 25.
[75] *Güttel, W. H.*, Ambidextrie, 2017, 187 ff.

und die eigenen Kunden zu befriedigen.[76] Doch die Frage, die sich jeder Unternehmer stellt, der sich mit Agilität auseinander setzt, ist wie es möglich ist, sein Unternehmen agil zu entwickeln. Es lässt sich festhalten, dass es nicht die eine Anleitung gibt, wie sich ein Unternehmen agil transformieren kann.[77] Die Literatur beschreibt ein Trial-and-Error-Prinzip, bei dem jedes Unternehmen zwar theoretische Hilfestellung an die Hand bekommt, den Weg für sich jedoch absolut selbst finden muss. Dazu hat die HAUFE Akademie ein eigenes 6-Erfolgsfaktoren-Modell entwickelt, welches den Einstieg und die Gedanken dazu erleichtern soll.

Die Basis der Erfolgsfaktoren beruht auf folgenden (Erfolgs-)Kriterien:

- Gründe haben
- Zielbild entwickeln
- Das Team definieren
- Den Prozess der Zusammenarbeit definieren
- Stories identifizieren, priorisieren, umsetzen und lernen
- Kollegen mitnehmen

Die HAUFE Akademie schreibt über agile Transformationen, dass „die agilen Werte und Prinzipien ein Idealbild [sind], zu dem man kontinuierlich hinstreben kann, welches man aber nie erreichen wird."[78]

Die HR-pioneers haben ein ähnliches Vorgehen entwickelt. Aus ihrer Erfahrung heraus haben sie abgeleitet, dass die Dimensionen elementar sind, wenn es darum geht Herausforderungen im Unternehmen zu bewältigen. Das entwickelte Modell beschränkt sich daher auf die Zielermittlung für insgesamt sechs Dimensionen. Das TRAFO-Modell hilft dabei eine Orientierung zu gewinnen und greift auf folgende Dimensionen zurück: Strategie, Kultur, Führung, HR, Prozess und Struktur.[79]

Ein in der Branche hochgelobter Leitfaden für die Organisationsentwicklung Reinventing Organizations von Frederic Laloux zeigt einen Auszug von Jean-Francois Zobrist (CEO des Automobilzulieferers FAVI): „Die Frage, die mir im Moment am meisten gestellt wird, ist folgende:

„Wie kann ich meine bestehende Organisation transformieren?"". Laloux übersetzt die Antwort von Zobrist: „es bedeutet in etwa: „Du musst es selbst herausfinden!"".[80]

---

[76] *Häusling, A.*, Organisationen, 2018, S. 18.
[77] *Laloux, F.*, Reinventing Organizations, 2016, S. 137.
[78] *Häusling, A.*, Organisationen, 2018, S. 144.
[79] *Fülöpp, S.*, TRAFO-Modell.
[80] *Laloux, F.*, Reinventing Organizations, 2016, S. 137.

Ein existierendes Modell zur Implementierung von Agilität in Unternehmen ist das von Zhang und Sharifi entwickelte Modell im Jahr 2000. Dieses Modell besteht aus drei Treibern: den Agility drivers, den Agility capabilities und den Agility providers.[81] Die sogenannten Agilitätstreiber bestimmen den Bedarf an Agilität in einem Unternehmen. Im Anschluss wird festgelegt, welche agilen Fähigkeiten das Unternehmen aufweisen muss, um den agilen Bedarf zu decken.[82] Im dritten Schritt geht es darum Methoden, Tools und Praktiken ausfindig zu machen, anhand derer, die zuvor definierten Fähigkeiten erreicht werden können.[83]

Ebenfalls im Jahr 2000 entwickelten Francis und Meredith das Agile Wheel Reference Modell. Das Modell besteht aus vier Ebenen: der agilen Strategie, dem agilen Prozess, der agilen Verbindungen und der agilen Menschen.[84] Im Vergleich zu dem Modell von Zhang und Sharifi verknüpfen die Entwickler des Agile Wheels die Dimensionen von Organisationen mit der Dimension der Agilität.[85]

Dabei lässt sich feststellen, dass beide Modelle sich zwar mit Agilität beschäftigen, jedoch nur den Reifegrad an Agilität beschreiben und nicht verdeutlichen wie Agilität umgesetzt werden kann. Zu berücksichtigen ist außerdem, dass beide Modelle im Jahr 2000 entwickelt wurden, also ein Jahr vor Entstehung des Agilen Manifests.

Ein erster Schritt zur agilen Unternehmenstransformation ist laut Inge Hanschke:

„die lokale Einführung von agilen Entwicklungsmethoden in einem oder wenigen Projekten und organisationsübergreifende Schulungen; insbesondere auch im Management."[86]

Auch Häusling spricht von ähnlichen, ersten Schritten:

„Deswegen hat es sich als eine erfolgreiche Strategie erwiesen, Prototypen zu entwickeln und mit diesen »Testballons« erste Erfahrungen zu sammeln. Hierbei kann es sich um ein erstes Projekt oder Produkt handeln, ein erstes Team, das anders arbeitet und mit agilen Ansätzen experimentiert."[87]

Er spricht auch davon, dass Unternehmen ihren eigenen Weg finden müssen:

---

81 *Sharifi, H./Zhang, Z.*, Agile Manufacturing, 2001.
82 *Häusling, A.*, Organisationen, 2018, S. 37.
83 *Häusling, A.*, Organisationen, 2018, S. 38. zitiert nach *Sharifi, H., Zhang, Z.*, Agile manufacturing in practice - Application of a methodology, 2001, S. 498f.
84 *Meredith, S./Francis, D.*, Agile Wheel, 2000.
85 *Häusling, A.*, Organisationen, 2018, S. 39.
86 *Hanschke, I.*, Unternehmenspraxis, 2017, S. 104.
87 *Häusling, A.*, Organisationen, 2018, S. 117.

„Den einen richtigen Weg hinsichtlich der agilen Transformation gibt es nicht. Vielmehr muss jede Organisation für sich den Weg finden, der am besten auf die Gegebenheiten und Rahmenbedingungen der Organisation passt."[88]

Es haben sich verschiedenste Methodiken entwickelt, um den Prozess der Agilen Transformation zu begleiten. So sprechen Daniel Mezick und Joachim Pfeffer in dem 2019 erschienen Open Space Agility Handbuch davon, dass auch die Transformation selbst agil erfolgt:

„Wir verändern in kleinen Schritten, bewerten regelmäßig, passen an und lernen daraus."[89]

An diesem Beispiel wird deutlich, dass es nicht die eine Anleitung für Unternehmen gibt, sondern alles ein Ausprobieren und Versuchen darstellt.

In digitalen Dienstleistungsunternehmen unterscheiden sich die Anforderungen der Kunden und der Umfang der Wertschöpfungskette zu anderen Unternehmen aus anderen Branchen. In manchen Unternehmensfeldern ist es zum Beispiel nicht notwendig sich komplett zu „agilisieren". Dazu haben Linder und Leyh 2018 ein Referenzmodell entwickelt, mit dessen Hilfe die Nähe zum Kunden und gleichzeitig der Bedarf an Agilität pro Wertschöpfungssektor bestimmt werden kann.[90] Für Unternehmen ist es also neben der Transformation selbst auch ein wichtiges Thema zu bestimmen, ob dies für alle oder zunächst nur für ausgewählte Bereiche gilt.

---

[88] *Häusling, A.*, Organisationen, 2018, S. 118.
[89] *Mezick, D.* u. a., Handbuch, 2019, S. 17.
[90] *Lindner, D.*, KMU, 2019, S. 44.

3.3 Status quo: Agilität in Deutschland

Es gibt derzeit keine deutschlandweit übergreifenden Zahlen, wie viele Unternehmen oder auch digitale Dienstleistungsunternehmen bereits agil arbeiten. Aktuelle Studien belegen, dass die agile Arbeitsweise vermehrt in Dienstleistungsunternehmen und dort sogar verstärkt im Bereich der IT auftritt.[91] Dies könnte daran, liegen, dass derzeit die Anwendung von agilen Methodiken vermehrt in diesem Bereich untersucht wird und wurde.[92] Laut der Studie, einem HR-Report der Firma Hays aus dem Jahr 2018 an dem ca. 1.000 Personen teilgenommen haben, gehören 41% der Befragten zu Dienstleistungsunternehmen.[93] Diese Zahl bestätigt eine ähnliche Studie der GPM Deutsche Gesellschaft für Projektmanagement e. V. aus dem Jahr 2017. Demnach setzen derzeit 40% der Befragten (1.000 Teilnehmer aus über 30 Ländern) agile Methoden in IT-nahen Themen ein.[94] Laut der Studie sind agile Methoden auch außerhalb der Softwareentwicklung erfolgreich und die Verbreitung steigt zunehmend an.[95]

Ein Beispiel für ein agil geborenes Start-up ist die Firma Sipgate aus Düsseldorf. Die Firma entstand aus dem Portal billiger-telefonieren.de und ist einer der ersten Voice-over-IP-Anbieter in Deutschland. Inhaltlich ist das Unternehmen nah an dem Bereich IT sowie der Software- und Produktentwicklung angesiedelt. Das in Düsseldorf ansässige Unternehmen besteht aus 120 Mitarbeitern.[96] Bei diesem Unternehmen ist es nicht möglich von einer agilen Transformation zu sprechen, da sipgate nie ein traditionelles Unternehmen war. Sipgate ist das Beispiel für praktische Agilität in der gesamten IT-Branche. Ihre Methoden sind so bekannt, dass daraus bereits ein Buch entstanden ist: 24 Work Hacks – Das erste sipgate-Buch. Bei sipgate gibt es keine Titel, keine Manager, keine Abteilungen, keine Gehaltsverhandlungen oder Budgets und keine Überstunden.[97]

Der Otto-Konzern hingegen bietet ein Beispiel, das eine ganz konträre Entwicklung beschreibt. Die Otto GmbH & Co. KG gilt heute als Vorbild für einen agilen Konzern. Im Onlinehandel ist die Firma Otto derzeit die Nummer zwei, noch vor Zalando.[98] Die Nummer eins ist derzeit Amazon, der größte Konkurrent von Otto. Der Otto-Konzern unterscheidet sich vor allem durch seinen Fokus auf den Kundenservice. Es herrscht ein großer Markt- und Wettbewerbsdruck. Der Konzern lebt Agilität vor allem durch seine Austauschformate, Konferenzen und Events. So gibt es zum Beispiel einen Failure Friday, an dem das Management seinen Mitarbeitern die low-performer Produkte vorstellt. Die regelmäßigen Austauschformate bewahren den gesamten Konzern vor einem Silo-Denken, was typisch für hierarchisch und linear aufgestellte Unternehmen ist. Eine eigene Akademie fördert die

---

91 *Breitschopf, K./Rump, J.*, Agile Organisation, 2018, 9 ff.

92 *Kienbaum Consultants International und*, Reifegrad HR, 2018, S. 3.

93 *Breitschopf, K./Rump, J.*, Agile Organisation, 2018, S. 4.

94 *GPM Deutsche Gesellschaft für Projektmanagement e. V*, Studie, 2017, S. 6.

95 Ebd.

96 *Hofert, S.*, Mindest, 2018, S. 217.

97 *sipgate GmbH*, Work Hacks, 2016.

98 *Hofert, S.*, Mindest, 2018, S. 207.

Weiterbildung und die steigende Agilität wird nicht als Projekt, sondern als andauernder Prozess des ewigen Lernens positioniert.[99]

4. Methodisches Vorgehen

In diesem Kapitel werden Aufbau und Vorgehensweise der Studie vorgestellt und erläutert.

4.1 Vorstellung der Forschungsmethode

Ziel dieser Forschungsarbeit ist die Klärung der Frage, wie sich das Agile Manifest der Softwareentwicklung in digitalen Dienstleistungsunternehmen anwenden lässt und wie sich Unternehmen auf dieser Basis transformieren können. Es gibt bisher keine Literatur, die diese Frage ausreichend beantworten könnte, daher geht meine Arbeit von einem explorativem Forschungsstil aus, um neue Erkenntnisse zu gewinnen, die für die Praxis von Bedeutung sind.[100]

Die qualitative Forschung ist gekennzeichnet durch die theorieentdeckende Forschungslogik und den Fokus Erhebungssituationen zu interpretieren und daraus neue Erkenntnisse zu gewinnen.[101] Um die Forschungsfrage dieser Arbeit beantworten zu können, muss auf Expertenwissen in der Branche zurückgegriffen werden. Qualitative Forschung bietet den Vorteil die Zugangsweisen zum Feld zum einen offener und zum anderen näher zu gestalten.[102] Besonders die Nähe zu den Experten ist ein großer Vorteil, wenn es um das Gewinnen neuer Erkenntnisse geht. Die Praxis der qualitativen Forschung ist zudem dadurch geprägt die Unterschiedlichkeit der Perspektiven der Beteiligten zu berücksichtigen.[103] Experten aus den verschiedensten Bereichen können so ihr Wissen teilen und zu der Beantwortung der Forschungsfrage beitragen.

Im Rahmen eines teilstrukturierten Interviews, welches sich an einem Leitfaden orientiert, sollen neue Erkenntnisse zur Beantwortung der Forschungsfrage gewonnen werden.[104] Teilstrukturierte Interviews bieten den Vorteil, während des Interviews etwas Orientierung zu ermöglichen, indem man sich auf vorbereitete Fragen stützen kann.[105] Die

[99] *Hofert, S.*, Mindest, 2018, S. 209.
[100] *Baur, N./Blasius, J.*, Methoden der empirischen Sozialforschung, 2014, S. 136.
[101] *Zepke, G.*, Forschung, 2016, S. 15.
[102] *Flick, U./Kardoff, E./Steinke, I.*, Qualitative Forschung, 2019, S. 17.
[103] *Flick, U./Kardoff, E./Steinke, I.*, Qualitative Forschung, 2019, S. 24.
[104] *Buber, R./Holzmüller, H.*, Qualitative Marktforschung, 2009, S. 7.
[105] *Misoch, S.*, Interviews, S. 13.

Interviewpartner haben in einem teilstrukturierten Interview die Möglichkeit, frei zu antworten und das Interview aktiv mit zu gestalten.

Als Experten werden Personen bezeichnet, die über Sonderwissen bzw. fachspezifisches Wissen verfügen. Dieses Wissen haben die Experten meistens durch umfangreiche Ausbildung und Weiterbildung erlangt.[106] In Experteninterviews steht die Problembehandlung eines Themas im Vordergrund. Sinneseinstellungen stehen bei Experteninterviews im Hintergrund.[107] Da diese Forschungsarbeit eine Problemstellung in der derzeitigen Praxis lösen soll, bietet sich das Experteninterview zur Beantwortung der Forschungsfrage an, da die Experten in dieser Arbeit stellvertretend für den Zugang zu direkter Erfahrung stehen.[108]

4.2 Auswahl der Experten

Die Auswahl der Experten spielt eine große Rolle, wenn es darum geht wissenschaftlich relevante Ergebnisse zu generieren. Nur wer wirklich ein Experte ist und nah am Geschehen ist, kann auch wichtige Inhalte beitragen. Mit Hilfe einer Sampling-Strategie können passende Experten ausgewählt werden.[109] Zur Beantwortung der Forschungsfrage gibt es verschiedene Interessengruppen, die ebenfalls an dem Ergebnis dieser Forschungsarbeit interessiert sind und dementsprechend ein Verständnis für das Forschungsinteresse aufweisen. In Anlehnung an die sog. Stakeholderanalyse, welche hier das passende Instrument bietet, wurden die Experten für diese Forschungsarbeit ermittelt. Der Gegenstand der Forschung steht bei der Stakeholderanalyse im Mittelpunkt. Um die Mitte herum wurden mögliche Stakeholder notiert.

Deren Nähe zum Forschungsgegenstand spiegelt sich auch anhand der Entfernung zum Mittelpunkt der Abbildung 4 wider.

106 *Misoch, S.*, Interviews, S. 120.
107 *Misoch, S.*, Interviews, S. 121.
108 *Silverman, D.*, Research, 2013, S. 44.
109 *Zepke, G.*, Forschung, 2016, S. 32.

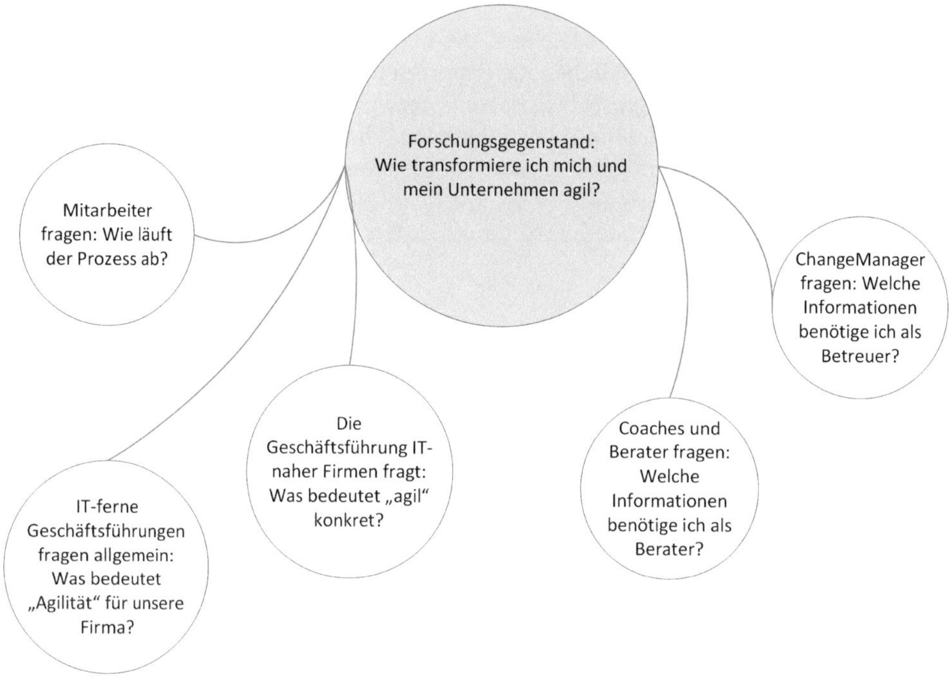

Abbildung 4 Stakeholder und ihre Fragen

Besonders relevant ist das Thema der Forschung für beratende Coaches in Dienstleistungsunternehmen. Denn genau bei diesen Personen kommen die entscheidenden Fragen an: „Wie können wir uns als Unternehmen agilisieren?". Daher hat diese Interessengruppe ein hohes Interesse an der Beantwortung der Forschungsfrage. Aber auch Changemanager, die Unternehmen von extern betreuen, haben ein Interesse an der Fragestellung. Für Geschäftsführer von Dienstleistungsunternehmen bietet die Agilität noch eine andere Perspektive. Denn wer heute seine Kunden nicht mehr begeistern kann, wird früher oder später Schwierigkeiten mit der eigenen Existenz bekommen. Daher ist auch für Geschäftsführer die Untersuchung von Bedeutung, die den Prozess ohne internen Coach oder externen Changemanager wagen wollen.

Folgende Interviewpartner konnten für die Experteninterviews im Rahmen dieser Studie gewonnen werden:

110 *Zepke, G.*, Forschung, 2016, S. 37.

1) Befragte Nr. 1

- Agiler Coach, Tourismuskonzern mit ca. 70.000 Mitarbeitern
- Kenntnisse: Agiles Arbeiten, Kanban, Projektmanagement, Veränderungsmanagement

2) Befragter Nr. 2

- Freiberuflich / Selbstständig, Netzwerk-Manager
- Mitglied im GPM (Deutsche Gesellschaft für Projektmanagement e.V.)
- Organisationspsychologe und Industrie-Soziologe

3) Befragter Nr. 3

- Freiberuflich / selbstständig, Beratender Unternehmer, Business Development & Potenzialentwicklung
- Selbstständig, Prokurist / Head of Business Development
- Inhaber, Experte für Krypto-Investments, Spezialist für bitcoin4business, Optimo Invest
- Kenntnisse: Zertifizierter Projektmanager, Scrum Master, Product Owner, Business Development Spezialist, Fachberater für Unternehmen
- Kenntnisse: Projektmanager, Konfliktmanager, Systemischer Coach, Change Manager

4) Befragter Nr. 4

- Angestellt, VP Produkt Management, Schuhindustrie, 41.000 Mitarbeiter
- Kenntnisse: Unternehmensführung, Coaching, Agiles Arbeiten, Scrum, Business Development, Agiles Produktmanagement

5) Befragte Nr. 5

- Senior Personalentwicklerin
- Kenntnisse: Organisationsentwicklung, agile Organisationsentwicklung, Personalentwicklung

4.3 Vorstellung des Leitfadens und Durchführung der Experteninterviews

Der teilstrukturierte Leitfaden besteht aus insgesamt sechzehn Fragen und ist inhaltlich in zwei Themenblöcke unterteilt, welche in dieser Arbeit die Analysedimension darstellen.[111] Dabei fokussieren sich die Fragen 1 bis 9 auf das Agile Manifest und die Fragen 10-16 auf die Unternehmenstransformation. Der erste Themenblock zum Agilen Manifest ermöglicht einen Einstieg in die theoretischen Grundlagen. Der Experte hat die Möglichkeit sich intensiv mit den Werten und Prinzipien zu beschäftigen, bevor der zweite Themenblock bearbeitet wird. Dieses Vorgehen ermöglicht dem Experten ein tieferes Einfinden in die Forschungsthematik.[112] Die Frage vier des Leitfadens bezieht sich konkret auf in Unternehmen arbeitende Personen und wurde im Rahmen des Interviews nicht jedem Experten gestellt.

Die Fragen für diesen teilstrukturierten Leitfaden wurden auf Basis der theoretischen Grundlagen sowie der Forschungsfrage entwickelt. Aus der Analysedimension wurden entsprechende Fragekomplexe entwickelt, aus denen sich im Anschluss die eigentlichen Interviewfragen ergeben.[113] Eine Analysedimension stellt das Agile Manifest dar. Der Fragekomplex der sich daraus entwickelt ist zum Beispiel die Priorität einzelner Werte und Prinzipien. Daraus lässt sich die Interviewfrage zwei ableiten: „Welchen Wert oder welches Prinzip hast Du am stärksten verinnerlicht?". Dieses Vorgehen ermöglicht die Entwicklung jeder einzelnen Interviewfrage.

Um sich der Beantwortung der Forschungsfrage dieser Arbeit nähern zu können, ist es wichtig herauszufinden, wie Agilität selbstständig durch Unternehmen umgesetzt werden kann. Dazu wäre eine narrative Haltung im Interview nicht förderlich, da es viel stärker darum geht, Hintergründe zu verstehen und Problemlösungen zu erarbeiten.[114] Durch diese Fokussierung verändert sich die Anforderung an den Interviewer. Dieser muss aktives Fragen und Nachfragen fördern. Aber auch ein vorsichtiges Argumentieren kann hilfreich sein, um einen mögliche Gegenpositionen zu entwickeln.[115] Dabei gilt stets das Prinzip der Offenheit, welches den Zugang zu Neuem und Unbekanntem ermöglicht, wenn der Interviewer dies bei der Befragung berücksichtigt und Impulse entsprechend sensibel wahrnimmt und lenkt.[116]

Ebenfalls ein Kennzeichen der offenen Forschungshaltung ist der bewusste Umgang mit dem Vorwissen aus der Praxis.[117] Die in Kapitel 1.3 verschriftlichen Thesen dienen allein dem bewussten Umgang mit entsprechendem Hintergrundwissen aus dem Berufsalltag.

---

[111] *Kaiser, R. J.*, Experteninterviews, 2014, S. 57.
[112] *Kaiser, R. J.*, Experteninterviews, 2014, S. 53.
[113] *Kaiser, R. J.*, Experteninterviews, 2014, 58 ff.
[114] *Flick, U./Kardoff, E./Steinke, I.*, Qualitative Forschung, 2019, 351 ff.
[115] *Flick, U./Kardoff, E./Steinke, I.*, Qualitative Forschung, 2019, S. 352.
[116] *Zepke, G.*, Forschung, 2016, S. 13.
[117] *Flick, U./Kardoff, E./Steinke, I.*, Qualitative Forschung, 2019, S. 259.

Im Rahmen eines kleinen Exkurses wurde vor dem Interview auf den bisherigen Forschungsstand und das Ziel der Forschungsarbeit eingegangen. Alle Grundlagen im Rahmen der Datenschutzgrundverordnung wurden angesprochen. Zum Anfang des Experteninterviews wurden dem Experten neben einer Eisbrecher-Frage die Agilen Werte sowie die Agilen Prinzipien gezeigt, um einen öffnenden Start in das Interview zu ermöglichen. Diese Informationen blieben während des gesamten Interviews präsent. Dies kennzeichnet neben allgemeinen Informationen zur Arbeit, die Einführungsphase in das Interview.[118] Die Situation ist frei und offen gestaltet, sodass der Wissensvermittler dazu angeregt wird, seine Eindrücke und sein Wissen zu teilen. Nach der Einführung folgt die Durchführung des teilstrukturierten Interviews mit einer entsprechenden Abschlussfrage zur Abrundung des Gesprächs.

Es wurden insgesamt fünf Teilnehmer befragt. Nach Wilde und Hess (2006) ist das Sättigungskriterium einer Forschungsmethode erreicht, wenn nach einer gewissen Menge an Teilnehmern keine signifikant neuen Erkenntnisse gewonnen worden sind. Nach Auswertung der Interviewergebnisse konnten keine signifikant neuen Erkenntnisse in den letzten 2 Iterationen erkannt werden.[119]

4.4 Datenanalyse in Anlehnung an Mayring

Um die gewonnenen Daten aus den Interviews dauerhaft verfügbar zu machen, wird die Transkription benötigt. Darunter wird: „die grafische Darstellung ausgewählter Verhaltensaspekte von Personen, die an einem Gespräch teilnehmen." verstanden.[120] Die Transkription dient dazu das komplexe Datenmaterial zu verschriftlichen und in ihrer Komplexität zu reduzieren. Jede Form der Reduzierung liegt einem bestimmten Transkriptionssystem zu Grunde.[121] Dieser Arbeit nutzt die Transkriptionsregeln in Anlehnung an Kallmeyer und Schütze.[122] Die Transkriptionsregeln sind dem Anhang zu entnehmen.

Im Anschluss an die Transkription folgt in Anlehnung an Philipp Mayring die Auswertung auf Basis der Qualitativen Inhaltsanalyse. Die Qualitative Inhaltsanalyse zeigt ein streng methodisches Vorgehen, welches das Interviewmaterial dabei in kleine Schritte zerlegt und analysiert.[123] Dieses Verfahren ist vor allem durch das Kategoriensystem gekennzeichnet, welches dafür genutzt wird, die wichtigsten Aspekte aus dem Material zu filtern. Für den folgenden Schritt ist es wichtig, die Analyseschritte auf die bestehende Forschungsfrage auszurichten. Demnach eignet sich zur Beantwortung der Fragestellung dieser wissenschaftlichen Arbeit die zusammenfassende Inhaltsanalyse. Diese Art der

118 *Zepke, G.*, Forschung, 2016, 51 ff.

119 *Lindner, D.*, Experteninterview, 2017. siehe dazu auch: *Breuer, F.*, Reflexive Grounded Theory, 2019, S.132.

120 *Flick, U./Kardoff, E./Steinke, I.*, Qualitative Forschung, 2019, S. 438.

121 *Misoch, S.*, Interviews, S. 249.

122 *Buber, R./Holzmüller, H.*, Qualitative Marktforschung, 2009, 338 ff.

123 *Mayring, P.*, Sozialforschung, 2016, S. 114.

Analyse hat das Ziel, das Material so zu reduzieren, dass die wesentlichen Inhalte erhalten bleiben.[124]

Bei diesem Prozess findet parallel die induktive Kategorienbildung statt, auf welche laut Mayring das Hauptaugenmerk zu werfen ist. Auf die Festlegung eines Selektionskriteriums folgt der Durchgang des reduzierten Materials, bei dem weitere neue Kategorien gebildet werden können oder eine Einordnung unter bestehenden Kategorien erfolgen kann.[125] Nach ca. 10-50% des Materials erfolgt eine Revision der bestehenden Kategorien. Diese werden überprüft und ggf. zusammengefasst. Das Ergebnis ist dann eine Reihe von Kategorien, die sich zu einer bestimmten Thematik bündeln lassen. Danach erfolgt im letzten Schritt ein endgültiger Materialdurchgang bevor die Interpretation und die Auswertung des Materials erfolgt. Dabei wird das gesamte Kategoriensystem in Bezug auf die Forschungsfrage interpretiert.[126]

4.5 Gütekriterien der qualitativen Forschung

Die Kriterien der quantitativen Forschung werden, auf die der qualitativen Forschung übertragen und angepasst, indem sie reformuliert und operationalisiert werden. Die zentralen Kriterien der Forschung sind die Objektivität, die Reliabilität sowie die Validität.[127]

Die Objektivität dient der Bestätigbarkeit qualitativer Untersuchungen, während die Reliabilität das Augenmerk auf eine verlässliche Forschung legt. Hier spielt primär die Replizierbarkeit eine große Rolle.[128] Validität wird laut Ines Steinke in interne und externe Validität unterschieden. Die interne Validität beschäftigt sich mich der Glaubwürdigkeit und der Authentizität der Forschung, während die externe Validität die Transferierbarkeit im Fokus hat.[129] Nach Strübing kommen in der qualitativen Forschung die folgenden Gütekriterien zum Einsatz: Gegenstandsangemessenheit, empirische Sättigung, theoretische Durchdringung, textuelle Performanz und die Originalität.[130]

In dieser Forschungsarbeitet wird die Validität durch verschiedenste Stakeholder, die als Experten fungieren, und eine umfangreiche Literaturrecherche gewährleistet. Die Reliabilität wird durch die Einhaltung der zuvor vorgestellten Kodier-Regeln eingehalten, indem jedes Interview identisch transkribiert und ausgewertet wird. Besonders viel Wert wird in dieser Arbeit auch auf das Kriterium der Originalität, dem wissenschaftlichen

[124] *Flick, U./Kardoff, E./Steinke, I.*, Qualitative Forschung, 2019, S. 472.
[125] *Mayring, P.*, Sozialforschung, 2016, S. 116.
[126] *Mayring, P.*, Sozialforschung, 2016, S. 117.
[127] *Flick, U./Kardoff, E./Steinke, I.*, Qualitative Forschung, 2019, S. 319.
[128] *Misoch, S.*, Interviews, S. 231.
[129] *Flick, U./Kardoff, E./Steinke, I.*, Qualitative Forschung, 2019, S. 320.
[130] *Breuer, F.*, Breuer, 2019, 359 ff.

Neuigkeitsanspruch, gelegt.[131] Diese Arbeit verfolgt den Anspruch eine Relevanz für die Praxis nach sich zu ziehen und eine Hilfestellung für sich transformierende Unternehmen zu bieten.

5. Auswertung der Ergebnisse

In den folgenden Kapiteln werden die entwickelten Kategorien der qualitativen Inhaltsanalyse vorgestellt und die Ergebnisse der Experteninterviews dargestellt. Die Transkriptionen der Gespräche sind auf Anfrage beim Verlag erhältlich.

5.1 Kategoriensystem

Im Rahmen der qualitativen Inhaltsanalyse in Anlehnung an Philipp Mayring haben sich insgesamt drei Hauptkategorien und zehn Unterkategorien ergeben. Die entwickelten Kodierungen werden im Rahmen eines Kodierleitfadens im Folgenden vorgestellt:

Oberkategorie	Unterkategorie	Definition	Ankerbeispiel
Agile Unternehmenstransformation	Tipps / Schritte Agile Transformation	Hinweise der Experten in welchen Schritten oder unter welcher zu Hilfenahme Unternehmen sich agil transformieren können.	Vgl.: „Anfangen sich mit den Prinzipien auseinanderzusetzen, sie zu üben und zu prüfen, ob sie Mehrwert bringen.“[132]
Agiles Manifest	Bedeutung des Agilen Manifests in der Praxis	Relevanz des Agilen Manifests in der Praxis	Vgl.: „Sehr stark. (--) Für mich ist das. Qualitätskriterium für alles was wir tun (-) nicht nur das Agile Manifest, diese vier Werte Paare, wenn man das so

[131] *Strübing, J.* u. a., Gütekriterien, 2018, S. 83.
[132] *Befragte 5*, Interview B5, 2019, Z. 139-140.

			übersetzen kann, sondern vor allem auch die zwölf Prinzipien, die dahinter sind."[133]
Agilität	Bedeutung Agilität in der Praxis	Relevanz von Agilität im Allgemeinen für Unternehmen	Vgl.: „Jetzt gibt es digitale Produkte, also e-Shop, mobile Apps, andere digitale Services. Die bewegen sich eher in einem komplexen Kontext. Und da merken wir, dass andere Methoden nötig sind oder hilfreich wären als eben Wasserfall."[134]
Agiles Manifest	Anwendung des Agilen Manifests in der Praxis	Praktische Anwendung des Agilen Manifests	Vgl.: „Na ja, es ist ein Anker. Nach meiner Wahrnehmung und auch so wie ich das jetzt verwende, hilft es sich noch mal klarzumachen was was ist denn wichtig, was sind die zentralen Aspekte."[135]
Agilität	Anwendung Agilität in der Praxis	Anwendung von Agilität im Allgemeinen für Unternehmen	Vgl.: „Und es braucht ein sehr gutes Feingefühl das zum einen den Kollegen das begreiflich zu machen und sich das auch fühlen zu lassen wie sich das anfühlt tatsächlich agil zu arbeiten."[136]
Agiles Manifest	Aktualisierung / Optimierung Agiles Manifest	Optimierungs- und Verbesserungsansätze für das Agile Manifest	Vgl.: „Stichwort Konsequenz, würde ich gerne noch in die Prinzipien ergänzen. Das ja übrigens auch eine alte Erkenntnis, aus der Strategie Forschung, weiß man, dass ja viele strategische Neuorientierungen daran scheitern, dass sozusagen nicht überall konsequent gehandelt wird."[137]

[133] *Befragte 1*, Interview B1, 2019, Z. 27-29.
[134] *Befragter 4*, Interview B4, 2019, Z. 61-63.
[135] *Befragter 2*, Interview B2, 2019, Z. 68-69.
[136] *Befragte 1*, Interview B1, 2019, Z. 282-283.
[137] *Befragter 2*, Interview B2, 2019, Z. 125-128.

Agilität	Definition von Agilität	Definition von Eigenschaften zur Beschreibung von Agilität	Vgl.: „eine Definition muss davon ausgehen, dass ich bestimmte Bewertungskriterien habe an denen ich festmachen, was ist agil und was nicht."[138]
Agile Unternehmenstransformation	Einstellung zu Leitfaden oder Anleitung	Haltung der Experten zu einem Leitfaden oder einer Anleitung zur Unterstützung der sich agil transformierenden Unternehmen	Vgl.: „Aber ich glaube nicht, dass das ein Handlungsleitfaden in dem Sinne überhaupt geben kann der dazu führt, dass jedes Unternehmen, eins zu eins, relativ simpel, ableiten kann welche Schritte notwendig sind."[139]
Agilität	Hürden / Schwierigkeiten bei Agilität im Allgemeinen	Hürden und Schwierigkeiten bei der Anwendung von Agilität in der Praxis	Vgl.: „Und wie bei jedem Change sind die Menschen verschieden vorgeprägt und vorbereitet. Und wie bei jedem Change kann das auch heißen, dass man nicht alle mitnehmen kann."[140]
Agilität	Voraussetzung für Agilität	Voraussetzungen zur Anwendung von Agilität in Unternehmen	Vgl.: „Dann der Aspekt der Freiwilligkeit. Also wirklich freiwillige zu suchen mit denen ich a) solche Experimente identifiziere. Bestenfalls kommen die Ideen aus den Kollegen selbst heraus und nicht top down und dann wiederum auch Freiwillige zu finden die dieses Experiment mitmachen und vielleicht sogar leiten."[141]

Tabelle 1 Kategoriensystem der Untersuchung[142]

138 *Befragter 2*, Interview B2, 2019, Z. 225-226.
139 *Befragte 5*, Interview B5, 2019, Z. 215-216.
140 *Befragter 4*, Interview B4, 2019, Z. 267-268.
141 *Befragte 1*, Interview B1, 2019, Z. 456-460.
142 *In Anlehnung an Qualitative Sozialforschung, Kodierleitfaden, Mayring, P., 2002*

Die Hauptkategorien sind untergliedert in Agilität, das Agile Manifest und die agile Unternehmenstransformation. Diese Kategorien ähneln der Analysedimension aus dem teilstrukturierten Fragebogen sind jedoch detaillierter und an die Ergebnisse der Interviews angepasst. Der Schwerpunkt dieser Arbeit liegt in den Kategorie Bereichen des Agilen Manifests und der agilen Unternehmenstransformation. Zusätzlich konnten allgemeinere Erkenntnisse zur Bedeutung, Anwendung und zur Definition von Agilität im Rahmen von Unterkategorien ermittelt werden.

Diese Kategorien sind jedoch nicht primär für die Beantwortung der Forschungsfrage relevant, weshalb sich die folgende Auswertung auf diese Unterkategorien stützt:

- Bedeutung des Agilen Manifests in der Praxis
- Bedeutung von Agilität in der Praxis
- Voraussetzung für Agilität
- Tipps / Schritte zur agilen Transformation
- Einstellung zu Leitfaden oder Anleitung
- Aktualisierung des Agilen Manifests

In der folgenden Auswertung werden die Interviewpartner mit folgenden Abkürzungen vermerkt:

- Befragte 1 = B1
- Befragter 2 = B2
- Befragter 3 = B3
- Befragte 4 = B4
- Befragter 5 = B5

5.2 Bedeutung des Agilen Manifests in der Praxis

Zur Beantwortung der zugrundeliegenden Forschungsfrage ist die Bedeutung des Agilen Manifests der Softwareentwicklung in der Praxis von großem Stellenwert.

Grundsätzlich lässt sich auf Basis der durchgeführten fünf Experteninterviews feststellen, dass die Relevanz des Agilen Manifests bei den Experten unterschiedlich ist. So spricht B1 davon, dass das Agile Manifest das Qualitätskriterium jeden Tuns ist.[143] Ähnlicher Meinung

[143] *Befragte 1*, Interview B1, 2019, Z. 27-29.

ist auch B2, der sagt, das Agile Manifest sei wie ein Anker.[144] B4 kann für sich sagen, dass das Agile Manifest nicht ständig bei der täglichen Arbeit unterkommt, es aber den Ursprung aller agilen Bestrebungen darstellt.[145] Für B5 hat das Agile Manifest eine hohe Relevanz, da alle Prinzipien des Agilen Manifests auch außerhalb der Softwareentwicklung angewendet werden können.[146] B3 spricht davon, dass es bei der täglichen Arbeit zwar Rückbezüge zum Agilen Manifest gibt, jedoch unklar ist, welche Rolle es dabei spielt.[147] Es ist auch die Rede davon, dass die Bedeutung des Agilen Manifests sinkt. B2 gibt an, dass der Anteil an hybriden Projekten rapide zunimmt und die Umsetzung der agilen Prinzipien schwächelt.[148]

Einig sind sich alle Experten in dem Punkt, dass das Agile Manifest der Softwareentwicklung für alle Unternehmen individuell abgeleitet werden muss. Die agilen Prinzipien bieten genügend Freiraum zu eigenen Interpretationen.[149] Auch B5 ist ähnlicher Meinung, dass die Werte und Prinzipien im Sinne der eigenen Unternehmenswerte abgeleitet werden können.[150] Der Meinung, dass das Agile Manifest die Basis ist und dies für das Unternehmen entsprechend runtergebrochen werden kann, ist auch B1.[151] Das Agile Manifest der Softwareentwicklung ist nicht nur in Reinform nutzbar, sondern inhaltlich für jedes Unternehmen anpassbar.[152]

5.3 Bedeutung von Agilität in deutschen Unternehmen

Bei der Frage, wie wichtig Agilität in deutschen Dienstleistungsunternehmen ist, waren sich die Experten fast einig. B4 beschreibt, dass die Digitalisierung eine Anpassung der Geschäftsmodelle und Produkte fordert. Dieser Anforderung können Unternehmen jedoch nur mit agilen Prozessen begegnen, damit für die Anpassung keine Jahre verstreichen.[153] Für B2 geht Agilität derzeit auch mit der Digitalisierung einher. Die Nähe zum Kunden ist von großer Bedeutung in dem heutigen Marktumfeld, sodass Unternehmen an Agilität nicht vorbeikommen, wenn sie ihre Prozesse digitalisieren und auf den Kunden ausrichten möchten.[154] Gleichzeitig bedeutet dies aber eine große Herausforderung für Unternehmen und stellt sie vor die Aufgabe die Ambidextrie zu lösen.[155]

Um den Anforderungen am Markt begegnen zu können, reichen nicht nur klassische Wasserfall-Methoden aus. B5 beschreibt dazu, dass andere Methodiken im Bereich des

[144] *Befragter 2*, Interview B2, 2019, Z. 73-75.
[145] *Befragte 5*, Interview B5, 2019, Z. 45-48.
[146] *Befragter 4*, Interview B4, 2019, Z. 80-83.
[147] *Befragter 3*, Interview B3, 2019, Z. 19-20.
[148] *Befragter 2*, Interview B2, 2019, Z. 202-204.
[149] *Befragter 2*, Interview B2, 2019, Z. 37-39.
[150] *Befragter 4*, Interview B4, 2019, Z. 166-173.
[151] *Befragte 1*, Interview B1, 2019, Z. 106-108.
[152] *Befragter 2*, Interview B2, 2019, Z. 44-46.
[153] *Befragte 5*, Interview B5, 2019, Z. 123-126.
[154] *Befragter 2*, Interview B2, 2019, Z. 326-330.
[155] *Befragter 2*, Interview B2, 2019, Z. 330-336.

komplexen Umfelds hilfreich sein können.[156] Agilität kann helfen Probleme im Komplexen zu lösen. Dies gilt jedoch nicht pauschal für alle Branchen. In manchen Branchen sind die klassischen Methoden nach wie vor sinnvoll.[157]

Für B1 herrscht in deutschen Unternehmen eine große Ambiguität. Die Top-Manager filtern nur die wichtigen, agilen Inhalte aus dem Agilen Manifest heraus und würden diese gerne kurzfristig einführen. Das Lippenbekenntnis ist also pro Agilität. Jedoch im Umkehrschluss wirklich aktiv zu werden und Dinge zu ändern, ist eine ganz andere Sache.[158]

B3 beschreibt hingegen, dass Agilität derzeit ein Hype ist, weil zu viele Projekte scheitern und Unternehmen zu inkonsequent sind.[159] Es sei auch möglich Unternehmen mit anderen Methodiken voran zu bringen, die nicht auf Agilität basieren.[160]

Auf der anderen Seite sprechen die Experten immer wieder davon, dass es häufig vorkommt, dass Mitarbeiter oder auch das Management in Dienstleistungsunternehmen von Agilität sprechen, im Endeffekt aber nicht wissen, was Agilität oder agiles Arbeiten eigentlich bedeutet. B5 gibt an, dass oftmals nur das agile Vokabular genutzt wird, ohne Agilität wirklich anzuwenden.[161] Auch die Wahrnehmung, wie agil ein Unternehmen oder einzelne Bereiche nun wirklich arbeiten, fällt in der Praxis ganz unterschiedlich aus.[162] Es wird eher über Agilität gesprochen, als dass sie wirklich richtig gelebt wird.[163] Die Meinungen der Experten gehen auseinander, wenn es darum geht, ob eine Definition von Agilität benötigt wird. B1 spricht davon, dass man nicht sagen könne, zu wie viel Prozent Unternehmen agil arbeiten, da es keine allgemeingültige Definition gibt.[164] B2 hingegen ist ganz anderer Meinung. Aus seiner Sicht findet eine agile Unternehmenstransformation im Rahmen eines Change Prozesses statt. Change ist nie definiert und kann es auch gar nicht sein.[165]

5.4 Voraussetzungen zur Anwendung von Agilität

In den Experteninterviews wurde schnell deutlich, dass die Einführung von Agilität nicht auf die Schnelle erledigt werden kann, sondern dies vielmehr ein andauernder Prozess ist bei dem viel Geduld notwendig ist.[166] Nicht nur Geduld und Konsequenz sind wichtige Faktoren bei der Einführung von Agilität, sondern auch eine hohe Bereitschaft zum Thema.[167]

[156] *Befragter 4*, Interview B4, 2019, Z. 61-63.
[157] *Befragte 1*, Interview B1, 2019, Z. 424-425.
[158] *Befragte 1*, Interview B1, 2019, Z. 241-251.
[159] *Befragter 3*, Interview B3, 2019, Z. 130-133.
[160] *Befragter 3*, Interview B3, 2019, Z. 125-128.
[161] *Befragter 4*, Interview B4, 2019, Z. 24-27.
[162] *Befragte 1*, Interview B1, 2019, Z. 120-121.
[163] *Befragter 3*, Interview B3, 2019, Z. 118-119.
[164] *Befragte 1*, Interview B1, 2019, Z. 114-115.
[165] *Befragter 2*, Interview B2, 2019, Z. 215-226.
[166] *Befragter 3*, Interview B3, 2019, Z. 519-521.
[167] *Befragte 5*, Interview B5, 2019, Z. 155-156.

B1 ist der Meinung, dass für agiles Arbeiten die Voraussetzung die Freiwilligkeit der Mitarbeiter ist.[168] Unternehmen, die agil arbeiten möchten benötigen also Mitarbeiter mit einer hohen Affinität zum Thema und Freiwillige, die sich damit auseinander setzen wollen.[169]

Die Experten betonen, dass der Prozess hin zu einer agilen oder agileren Organisation begründet sein muss, das heißt das Agilität einen spürbaren Nutzen für die Mitarbeiter des Unternehmens haben muss.[170] B5 ist der Meinung, dass die Mitarbeiter zu dem agilen Prozess abgeholt werden müssen, damit sie diesen mit tragen und dahinterstehen.[171] Für agiles Arbeiten wird auch ein neues Mindset benötigt.[172] Altes Denken muss überwunden werden und die Mitarbeiter müssen sich für Neues öffnen.[173] Dazu gehört in erster Linie Vertrauen, welches Vorgesetzte abgeben müssen und auf Seiten der Mitarbeiter erfordert dies eine gute Selbstorganisation.[174] Die größte Herausforderung die all diejenigen jedoch annehmen müssen, die agil arbeiten möchten ist, dass Agilität ein ewiges ausprobieren, anpassen und lernen ist.[175]

5.5 Einstellung der Experten zu einem Leitfaden zur Einführung von Agilität

Auf die Fragestellung, ob es einen Leitfaden oder eine Anleitung zur Einführung von Agilität in digitalen Dienstleistungsunternehmen geben kann, waren sich die Experten weitestgehend einig. Für Unternehmen kann es keine definierten Prozesse geben, wie Agilität eingeführt werden kann oder wie sich Unternehmen auf Basis des Agilen Manifests transformieren können. Was es jedoch geben kann, ist eine Art Leitfaden, wie Unternehmen das Agile Manifest für sich ableiten können.[176] Ähnlicher Meinung ist dazu auch B3, der vermutet, dass es grobe Leitfäden geben kann.[177] Für B1 kann es im agilen, also im komplexen Bereich, keine Anleitung geben. Was aber möglich wäre, wäre ein unternehmensspezifisches Framework, wie Agilität in diesem Unternehmen definiert ist und welche Werte dieses Unternehmen für sich nutzt.[178]

---

168 *Befragte 1*, Interview B1, 2019, Z. 129-130.
169 *Befragte 1*, Interview B1, 2019, Z. 456-460.
170 *Befragte 1*, Interview B1, 2019, Z. 90-92.
171 *Befragter 4*, Interview B4, 2019, Z. 253-256.
172 *Befragter 4*, Interview B4, 2019, Z. 247-248.
173 *Befragter 2*, Interview B2, 2019, Z. 122-124.
174 *Befragte 1*, Interview B1, 2019, Z. 290-295.
175 *Befragte 1*, Interview B1, 2019, Z. 468.
176 *Befragter 4*, Interview B4, 2019, Z. 274-279.
177 *Befragter 3*, Interview B3, 2019, Z. 204-205.
178 *Befragte 1*, Interview B1, 2019, Z. 475-491.

B2 spricht davon, dass Unternehmen sich zunächst fragen sollten, wo der Veränderungsdruck am größten ist. Dabei sollte der Kunde immer im Mittelpunkt stehen. Orientiere deinen Prozess am Kunden und leite daraus erste Schritte ab.[179]

5.6 Schritte zu einer agilen Unternehmenstransformation

Zu der Fragestellung wie sich Dienstleistungsunternehmen agil transformieren können, konnten während der Experteninterviews eine Menge Tipps und Informationen gewonnen werden. Deutlich wird, dass Unternehmen bei agilen Prozessen eines häufig vergessen: den Kunden. Bei der agilen Unternehmenstransformation muss der Kunde im Mittelpunkt allen Tuns stehen.[180] Zentriert ein Unternehmen den Prozess auf den Kunden, so können erste Schritte hin zu einer agilen Organisation meist abgeleitet werden.[181] Die Basiswerte und Prinzipien der Agilität, die ein Unternehmen für sich verfolgen möchte, müssen definiert werden. Welche Werte und Prinzipien können aus dem Agilen Manifest angewendet oder abgewandelt werden?[182] An dieser Stelle bietet das Agile Manifest eine Unterstützung für sich zu bestimmen, was der richtige Weg des Unternehmens ist und welche Werte dabei helfen.[183] Genauso wichtig ist auch die Erfüllung der Voraussetzungen für Agilität. Das Unternehmen muss einen Zielzustand entwickeln und gleichzeitig einen Nutzen von Agilität für das Unternehmen kommunizieren.[184] B5 ist der Meinung, dass es ideal wäre, eine Vision der Agilität zu entwickeln, damit die Mitarbeiter ein Ziel haben, welches sie anstreben können.[185] Im nächsten Schritt empfehlen die Experten die Einführung von Agilität in einzelnen Experimenten.[186] Dabei ist die Einleitung von Agilität aufgrund der Nähe zum Projektmanagement in einem Projekt am einfachsten.[187] Dabei sollte deutlich werden, dass Experimente auch scheitern dürfen. Im Rahmen einer Retrospektive können Teams daraus lernen und die Anwendung der Agilität im nächsten Projekt verbessern.[188]

Neben den prozessualen Schritten, die die Experten empfehlen, sind auch die Veränderungen der Mitarbeiter und der Geschäftsführung zu berücksichtigen. Agilität erfordert ein neues Mindset.[189] Agilität erfordert aber auch Konsequenz bei der Einführung.[190] Und wie unter Kapitel 5.4 den Voraussetzungen beschrieben auch Vertrauen und eine hohe Selbstorganisation. Dabei kann es helfen sich auf Konferenzen mit anderen Unternehmen

[179] *Befragter 2*, Interview B2, 2019, Z. 389-394.
[180] *Befragter 2*, Interview B2, 2019, Z. 390-392.
[181] *Befragter 2*, Interview B2, 2019, Z. 415-416.
[182] *Befragte 5*, Interview B5, 2019, Z. 139-140.
[183] *Befragter 2*, Interview B2, 2019, Z. 154-157.
[184] *Befragte 1*, Interview B1, 2019, Z. 301-303.
[185] *Befragter 4*, Interview B4, 2019, Z. 309-310.
[186] *Befragter 2*, Interview B2, 2019, Z. 119-121.
[187] *Befragter 2*, Interview B2, 2019, Z. 295-298.
[188] *Befragter 4*, Interview B4, 2019, Z. 235-238.
[189] *Befragter 4*, Interview B4, 2019, Z. 247-248.
[190] *Befragte 1*, Interview B1, 2019, Z. 519-521.

auszutauschen oder gemeinsam mit anderen Dienstleistungsunternehmen zu lernen.[191] Aber auch Agile Coaches können die Mitarbeiter und oder den Prozess von außen mit betreuen.[192]

5.7 Aktualisierung des Agilen Manifests

Von den insgesamt fünf Experten können sich drei keine Aktualisierung des Manifests vorstellen. Auf die Frage, ob Ihnen bei den Werten oder Prinzipien etwas fehlen würde, antwortete B1, dass das Agile Manifest vollständig sei.[193] B2 und B3 hingegen würden gerne Ergänzungen am Agilen Manifest vornehmen. Bei der Einführung von Agilität sei es essenziell, dass dieser Prozess konsequent gesteuert wird. Daher würde B2 gerne das Prinzip der Konsequenz im Agilen Manifest ergänzen.[194] B3 spricht hingegen eher von einem Anwendungsrahmen. So ist das Agile Manifest sehr auf die Projektarbeit spezifiziert und bezieht dabei nicht den gesamten Unternehmenskontext mit ein.[195]

Sowohl B1 als auch B5 sprechen sich dafür aus, das Wort Softwareentwicklung im Agilen Manifest durch das Wort Kundennutzen zu ersetzen.[196]

6. Interpretation der Ergebnisse

Im Rahmen der Interpretation erfolgt die Diskussion der Ergebnisse in Bezug auf die zugrundeliegende Forschungsfrage dieser Arbeit.

6.1 Die agile Unternehmenstransformation auf Basis des Agilen Manifests

Auf Basis der durchgeführten Literaturrecherche hat sich ergeben, dass es einige Modelle gibt, an denen sich Unternehmen bei der Einführung von agilen Prozessen orientieren können. Dazu zählt das in Kapitel 3.3 vorgestellte TRAFO-Modell der HR-pioneers sowie das 6-Erfolgsfaktorenmodell der HAUFE Akademie. Beide Modelle können dabei helfen, den Weg

---

191 *Befragter 3*, Interview B3, 2019, Z. 166-169 u. Z. 211-212.
192 *Befragter 3*, Interview B3, 2019, Z. 190-192.
193 *Befragte 1*, Interview B1, 2019, Z. 174.
194 *Befragter 2*, Interview B2, 2019, Z. 125-128.
195 *Befragter 3*, Interview B3, 2019, Z. 65-70.
196 *Befragte 1*, Interview B1, 2019, Z. 44-45. u. *Befragter 4*, Interview B4, 2019, Z. 151-155

in die agile Welt zu ebnen. Was beide Modelle jedoch nicht beantworten: Wie transformiere ich mich auf Basis des Agilen Manifests?

Im Rahmen der Experteninterviews konnte ermittelt werden, dass die Grundlage allen Tuns in agilen Prozessen das Agile Manifest ist.[197] Dies geschieht in manchen Dienstleistungsunternehmen bewusster und in manchen Unternehmen unbewusster. Jedoch hat das Agile Manifest eine hohe Relevanz, da es für jeden Bereich individuell abgeleitet werden kann.[198] Das bedeutet, dass sich Unternehmen, die Agilität einführen möchten, wieder viel bewusster am Agilen Manifest der Softwareentwicklung orientieren sollten und dies für sich individuell ableiten sollten. Gerade bei diesem Schritt bietet das Agile Manifest eine solide Grundlage, die Unternehmen als eine Art Anker oder sogar Nordstern dienen kann.[199] Nach wie vor gibt es 24 verschiedene Definitionsansätze von verschiedensten Autoren zu dem Begriff Agilität.[200] Allein dieser Punkt zeigt, wie viel Unsicherheit bei der Begrifflichkeit der Agilität herrscht. Die Experten sprechen zum Teil davon, dass keine Definition benötigt wird, da sich Unternehmen in einem Change Prozess befinden, welcher nie definiert werden kann.[201] Es macht also Sinn sich von dem Gedanken der agilen Unternehmenstransformation ein Stück weit zu lösen und den Kunden dabei in den Mittelpunkt zu stellen. B2 bringt dies in dem Interview auf den Punkt:

„Kundenorientierung heißt für mich, wenn du hohe Kundenorientierung hast, weißt du was wo der Zugang ist und was für einen Mehrwert er aus deinem Produkt ziehen will. Und je besser du das weißt und je genauer du dich mit deinen Prozessen daran orientierst, umso mehr agil bist du."202

Die Kunst bei der Einführung von agilen Prozessen oder sogar einer gesamten Unternehmenstransformation besteht darin, sich bewusst zu machen, dass der Prozess auf den Kunden ausgerichtet werden muss. Um dafür passende Werte und Prinzipien für sich zu identifizieren und zu definieren, hilft das Agile Manifest der Softwareentwicklung. Dieser Aspekt der Nähe zum Kunden und der Bedeutung des Agilen Manifests fehlt in den auf dem Markt existierenden Modellen. Auch die Definition von Inge Hanschke, dass Agilität im Kopf beginnt und die Ergebnisorientierung wieder im Fokus stehen sollte (vgl. Kapitel 2.1), trifft zwar einen wichtigen Aspekt von Agilität aber nicht das eigentliche Ziel. Agilität kann helfen im komplexen Bereich Probleme zu lösen.[203] Agilität ist aber auch in der Lage, Unternehmen dabei zu helfen ihre Prozesse agil auf den Kunden einzustellen. Das bedeutet das Agilität nicht nur Problemlöser in Projekten sein kann, sondern auch als Methodik zur Begegnung der Digitalisierung dienen kann.[204]

---

[197] *Befragte 5*, Interview B5, 2019, Z. 45-48.
[198] *Befragter 4*, Interview B4, 2019, Z. 80-83.
[199] *Befragte 1*, Interview B1, 2019, Z. 106-108.
[200] *Häusling, A.*, Organisationen, 2018, S. 29.
[201] *Befragter 2*, Interview B2, 2019, Z. 215-226.
[202] *Befragter 2*, Interview B2, 2019, Z. 240-244.
[203] *Befragte 1*, Interview B1, 2019, Z. 214-215.
[204] *Befragter 2*, Interview B2, 2019, Z. 326-330.

Neben der Grundlage des Agilen Manifests gibt es jedoch weitere Voraussetzungen denen Unternehmen begegnen, wenn sie Agilität einführen möchten. Dabei handelt es sich um prozessuale Dinge, wie zum Beispiel die Entwicklung eines Zielzustands oder einer Vision.[205] Ähnlich beschreibt dies das 6-Erfolgsfaktoren-Modell der HAUFE Akademie mit dem Erfolgsfaktor 2: ein Zielbild zu entwickeln.[206] Besonders für die Mitarbeiter, die die Agilität tragen sollen, ist es wichtig einen klaren Nutzen zu kommunizieren.[207] Wieso können dem Unternehmen agile Prozesse helfen?

Neben der Prozess-Ebene gibt es auch die Ebene der Fähigkeiten. Agilität erfordert ein neues Mindset.[208] Agilität erfordert Vertrauen der Geschäftsführung in ihre Mitarbeiter und für die Mitarbeiter gewinnt die Selbstorganisation an Bedeutung. Eine offene Fehlerkultur ist wichtig, um Prozesse zu hinterfragen und immer im Sinne des Kunden neu auszurichten.[209] Aber auch das Thema Konsequenz ist eine wichtige Fähigkeit. Agilität kann nicht von Anfang an funktionieren.[210] Es gibt immer Hürden und Schwierigkeiten, die bewältigt werden müssen. Agilität bedeutet ein Ausprobieren und ein Lernen. Dazu sind Fähigkeiten wie Konsequenz, Transparenz und Offenheit wichtig.[211]

Eine weitere Ebene kennzeichnet die Bereitschaft der Menschen in Dienstleistungsunternehmen. Agilität kann nur funktionieren, wenn die Menschen diese tragen.[212] Idealerweise können Identifizierer ermittelt werden, die dabei helfen den agilen Gedanken zu erweitern und in die Breite zu transferieren.[213]

6.2 Aktualisierungsbedarfe für das Agile Manifest

Die untergeordnete Fragestellung dieser Studie ist die Aktualität und die Relevanz, die sich auf Basis der agilen Unternehmenstransformation für das Agile Manifest der Softwareentwicklung ergibt. Auf Basis der Experteninterviews konnten kleinere Ansätze entwickelt werden, hinsichtlich derer das Agile Manifest aktualisiert werden könnte. Allerdings lässt sich festhalten, dass Agilität heute viel größer ist als im projektorientierten Kontext. Inzwischen spricht man nicht mehr nur von agilen Projekten, sondern sogar von komplett agilen Unternehmen, wie zum Beispiel das agil geborene Unternehmen sipgate. Auch in dem Experteninterview mit B3 wurde dieser Gedankengang gespiegelt.[214] Die Spezifizierung des Agilen Manifests auf den Bereich der Softwareentwicklung macht es für manche Unternehmen nicht leichter. So können innerhalb der Fachbereiche Widerstände auftreten, da das

---

205 *Befragter 4*, Interview B4, 2019, S. 309-310.
206 *Häusling, A.*, Organisationen, 2018, S. 121 ff.
207 *Befragte 1*, Interview B1, 2019, Z. 301-303.
208 *Befragter 4*, Interview B4, 2019, Z. 247-248.
209 *Befragter 2*, Interview B2, 2019, Z. 173-175.
210 *Befragte 1*, Interview B1, 2019, Z.519-520.
211 *Befragte 1*, Interview B1, 2019, Z. 468.
212 *Befragte 5*, Interview B5, 2019, Z. 219-229.
213 *Befragter 3*, Interview B3, 2019, Z. 187-188.
214 *Befragter 3*, Interview B3, 2019, Z. 65-70.

Manifest der *Softwareentwicklung* zu Grunde liegt.[215] Daraus lässt sich schließen, dass eine Erweiterung oder Erneuerung des Agilen Manifests sinnvoll wäre. Diese Erneuerung sollte dann den gesamtunternehmerischen Kontext miteinbeziehen und das Wort Software idealerweise durch das Wort Kundennutzen ersetzen. Diese Erneuerung wäre dann unter Umständen auch einfacher und bewusster zu nutzen, da sie für alle Branchen und Unternehmen gleichermaßen Gültigkeit hätte.

6.3 Beantworten der Thesen zur Formulierung des Vorwissens

Für den bewussten Umgang mit dem Vorwissen der Forscherin sollen die im Vorfeld definierten Thesen beantwortet werden.

1. Es gibt keine allgemeingültige Anleitung zur Anwendung des Agilen Manifests der Softwareentwicklung

Die erste These, die zu Anfang dieser Arbeit formuliert wurde, bezieht sich auf das Agile Manifest. Auf Basis der Literaturrecherche und den Experteninterviews kann diese These wie folgt bestätigt werden: Es gibt keine Anleitung oder Hilfestellung wie das Agile Manifest der Softwareentwicklung zu verstehen ist.[216] Das Agile Manifest wird von jedem Unternehmen unterschiedlich interpretiert.[217]

2. Unternehmen sind bei der agilen Transformation auf sich allein gestellt

Auch die zweite These kann auf Basis der Literaturrecherche und den Experteninterviews bestätigt werden. Bisher gibt es keine Anleitung und keinen Leitfaden der Unternehmen dabei helfen kann wie sie sich transformieren können. Was es aber gibt, sind Konferenzen Veranstaltungen und Agile Coaches die Unternehmen bei diesem Prozess begleiten können.

3. Die agile Unternehmenstransformation ist ein Trial-and-Error-Prinzip

Die dritte These umschreibt das ewige Lernen, Ausprobieren und Anpassen einzelner agiler Aspekte und kann auf Basis der Experteninterviews ebenfalls bestätigt werden. Jedes Unternehmen muss für sich austesten, wo Agilität Sinn macht und welche Frameworks zu dem Unternehmen passen.[218] Es ist nicht so, dass die komplette agile Transformation mit der heißen Nadel gestrickt ist, jedoch sollte man im Vorfeld prüfen, wohin man möchte, was man erreichen will und wofür Agilität notwendig ist.

---

[215] *Befragte 1*, Interview B1, 2019, Z. 38-43.
[216] *Befragter 4*, Interview B4, 2019, Z. 166-176.
[217] *Befragte 1*, Interview B1, 2019, Z. 351-352.
[218] *Befragte 1*, Interview B1, 2019, Z. 361-362.

4. Das Agile Manifest der Softwareentwicklung bildet die Grundlage für die agile Unternehmenstransformation

Auch die vierte These kann auf Basis der Experteninterviews bestätigt werden und greift im Wesentlichen meine Ausführungen im dem Kapitel 6.1 auf. Die Grundlage allen Tuns in agilen Prozessen ist das Agile Manifest.[219] Dies geschieht in manchen Dienstleistungsunternehmen bewusster und in manchen Unternehmen unbewusster.

5. Das Agile Manifest der Softwareentwicklung bedarf aufgrund seines Alters einer Aktualisierung

Dieser abschließenden These kann ich nur bedingt zustimmen. Der Fokus des Agilen Manifests war vor achtzehn Jahren noch ein anderer. Damals waren agile Methodiken Problemlöser für IT-nahe Projekte. Durch die Digitalisierung sind Unternehmen jedoch gezwungen nicht nur in der IT flexibler zu werden, sondern auch in Bereichen wie der Produktentwicklung. Wie in Kapitel 6.2 aufgeführt, sollte es daher eine neue Version des Agilen Manifests geben, welches sich weder auf eine Branche noch auf ein Produkt spezialisiert und den unternehmerischen Kontext mit einbezieht.

6.4 Drei-Ebenen-Modell zur Einführung von Agilität in digitalen Dienstleistungsunternehmen

Während der Experteninterviews haben sich viele Tipps und Hinweise, wie man einer Einführung von Agilität begegnen kann, ergeben. Diese Tipps und Hinweise lassen sich in drei Ebenen aufteilen. Die Prozess-Ebene, die Ebene der Fähigkeiten und die Ebene der Mitarbeiter. Es wird deutlich, dass alles miteinander verknüpft ist. Wenn innerhalb der Prozess-Ebene kein Nutzen für Agilität im Unternehmen kommuniziert wird, dann ist es schwer die Mitarbeiter-Ebene überhaupt zu erreichen und die Agilität an der Stelle in die Breite zu tragen. Egal wie groß und wie viel Agilität in einem Unternehmen eingeführt werden soll, dass selbst entwickelte 3-Ebenen-Modell kann sowohl kleinen Teams als auch gesamten Organisationen helfen.

Im ersten Schritt ist es zwingend erforderlich sich mit den agilen Werten und Prinzipien aus dem Agilen Manifest auseinander zu setzen. Das Unternehmen kann dann individuell entscheiden, wo Agilität Sinn macht und welche Werte passen könnten. Während dieser Vorarbeit ergeben sich weitere Punkte, die berücksichtigt werden müssen. Viele Unternehmen beziehen den Prozess der Agilität zu stark auf die interne Sicht.[220] Die Kunst der Agilität ist es jedoch, die internen Prozesse auf den Kunden auszurichten. Das heißt, dass auch bei der Einführung von agilen Prozessen, immer geschaut werden sollte, ob der Kunde

[219] *Befragte 5*, Interview B5, 2019, Z. 45-48.
[220] *Befragter 2*, Interview B2, 2019, Z. 234-244.

dabei im Mittelpunkt steht.[221] Im nächsten Schritt sollte dann ein Zielbild oder eine Vision entwickelt werden. Dies ist sinnvoll, damit die Mitarbeiter wissen, was möglich ist und welcher Zustand angestrebt werden soll.

Nach der prozessualen Vorarbeit spielt die Ebene der Fähigkeiten eine große Rolle. Agilität und agile Prozesse erfordern neues Denken. Ein gutes Beispiel dafür ist das fünfte Prinzip aus dem Agilen Manifest, welches fordert:

> *„Errichte Projekte rund um motivierte Individuen. Gib ihnen das Umfeld und die Unterstützung, die sie benötigen und vertraue darauf, dass sie die Aufgabe erledigen."*[222]

Beim agilen Arbeiten bekommen einzelne Projektteams oder auch Abteilungen mehr Verantwortung dahingehend, dass sie eigenverantwortlich die Projekte und Aufgaben bearbeiten sollen. Dies fordert auf der einen Seite Vertrauen der Geschäftsführung in die Mitarbeiter und auf der anderen Seite eine ausgeprägte Kompetenz der Selbstorganisation auf Seiten der Mitarbeiter.

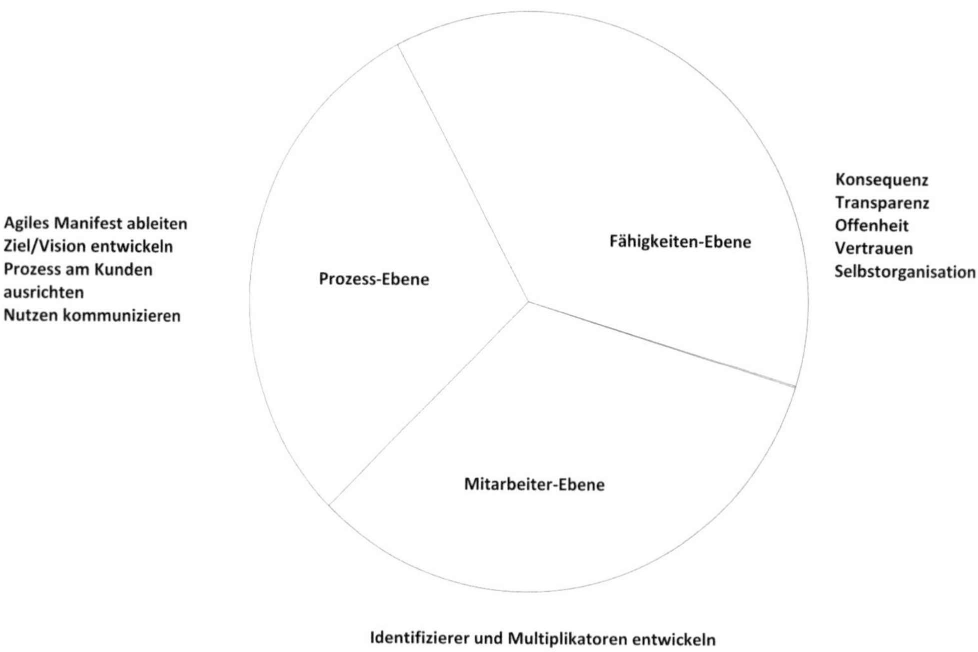

Abbildung 5 - Drei-Ebenen-Modell zur Einführung von Agilität *(eigene Darstellung)*

Das selbst entwickelte Drei-Ebenen-Modell kann Unternehmen helfen, die ersten Schritte abzuleiten. Es beinhaltet keinen allgemeingültigen Leitfaden und keine Anleitung, sondern

---

[221] *Befragter 4*, Interview B4, 2019, Z. 115-119.
[222] *Beck, K./Beedle, M.*, Manifest, 2001.

soll viel mehr zeigen, mit Hilfe welcher Maßnahmen Agilität in Dienstleistungsunternehmen eingeführt werden kann. Im Gegensatz zu existierenden Modellen bezieht sich dieses Modell bewusster und stärker auf das Agile Manifest. Es zeigt auf, dass eine Ableitung der Werte und Prinzipien für jedes Unternehmen sinnvoll sein kann. Das Modell legt dar, dass der Kunde auch bei dem Prozess der Agilisierung in dem Mittelpunkt stehen muss.

7. Fazit

Es folgen eine Zusammenfassung sowie eine kritische Würdigung der Ergebnisse. Ein Ausblick zeigt mögliche nächste Schritte auf.

7.1 Zusammenfassung und kritische Würdigung der Ergebnisse

Die umfangreichen Ergebnisse, die mit Hilfe der Experteninterviews zu der Forschungsfrage gewonnen werden konnten, waren sehr überraschend. Die Experten äußerten viele Hinweise und gaben viel Input zu einzelnen Fragen, sodass während der forscherischen Tätigkeit die gesamte Zeit das Gefühl bestand, dass die Experten eigentlich wissen, wie man sich agil transformieren kann. Bisher nur niemand sinnvoll subsumiert hat. Im Rahmen der Forschung konnte die Forschungsfrage nicht nur beantwortet werden, sondern es war darüber hinaus möglich ein eigenes Modell zu entwickeln, welches das gesamte Expertenwissen vereint und Unternehmen nun bei den ersten Schritten unterstützen kann.

Wie können sich digitale Dienstleistungsunternehmen auf Basis des Agilen Manifests der Softwareentwicklung transformieren?

(Forschungsfrage)

Die Forschungsfrage kann zusammenfassend wie folgt beantwortet werden: Digitale Dienstleistungsunternehmen können sich auf Basis des Agilen Manifests agil transformieren, wenn sie dabei die Prozess-Ebene, die Fähigkeiten-Ebene und die Mitarbeiter-Ebene berücksichtigen, um so die Voraussetzungen für gut gelingende Agilität zu erfüllen. Das entwickelte 3-Ebenen-Modell kann Unternehmen eine Orientierung geben, welche Punkte im Vorfeld zu definieren sind und welche Fähigkeiten dazu benötigt werden.

Und welche Aktualisierungsbedarfe ergeben sich aus dem Untersuchungsinteresse gegenüber dem Agilen Manifest?

(Untergeordnete Fragestellung)

Die untergeordnete Fragestellung kann wie folgt beantwortet werden: Das Agile Manifest ist spezialisiert auf Softwareprojekte. Dies erzeugt bei vielen Unternehmen einen Widerstand, sich aktiv daran zu orientieren. In den letzten achtzehn Jahren hat sich eine Entwicklung der Agilität in Gang gesetzt, sodass nicht mehr nur einzelne Projekte agil gemanagt werden können, sondern auch ganze Organisationen agil handeln können. Immer unter der Voraussetzung, dass es für die spezielle Branche sinnstiftend ist. Das Agile Manifest könnte also im Rahmen einer Neuveröffentlichung erweitert werden. Sodass einzelne Werte ergänzt werden könnten, das Wort Software entfernt wird und der gesamtunternehmerische Kontext mit einbezogen wird.

An dieser Stelle sollte jedoch auch kritisch hinterfragt werden, wie andere Unternehmen im Sinne der Agilität schon heute handeln. Die Experten haben einen sehr guten Blick auf den Stand der Dinge vorweisen können, jedoch ist diese Untersuchung qualitativ durchgeführt worden und nicht in der gesamten Breite Deutschlands. Es besteht also die Möglichkeit, dass das Agile Manifest an anderen Stellen eventuell anders genutzt und anders interpretiert wird. Außerdem sind die Antworten der Experten immer subjektiv und es besteht immer die Möglichkeit diese falsch zu interpretieren.

Aufgrund der beschränkten Bearbeitungszeit und der beschränkten Seitenzahl war eine Fokussierung auf die gesamtheitliche Agilität nicht möglich. Es bleibt also offen inwiefern Agilität schon vor dem Agilen Manifest stattfand und wie diese Agilität genutzt und entwickelt wurde. Auch die Abgrenzungskriterien auf Dienstleistungsunternehmen und den deutschen Markt beschränken die Ergebnisse. In anderen Ländern gibt es möglicherweise schon weitere Erkenntnisse zur Einführung von Agilität oder sogar andere Modelle. Die Untersuchung von agilen Prozessen ist in digitalen Dienstleistungsunternehmen, die eine IT-nähe aufweisen, näher am Thema als andere Unternehmen. Daher bleibt die Frage offen, inwieweit die Ergebnisse auch eine Relevanz für andere Branchen haben die weniger mit digitalen Produkten oder generell Dienstleistungen zu tun haben.

Es ist auch nicht auszuschließen, dass es bereits Überlegungen, Modelle oder Denkansätze gibt, die ähnliche Erkenntnisse subsumieren. Diese der breiten Masse jedoch nicht publik sind. All diese Faktoren sind an dieser Stelle kritisch zu betrachten.

7.2 Ausblick

Es bleibt definitiv spannend – weil offen, wie sich die Agilität in Deutschland in den kommenden Jahren entwickeln wird. Die Digitalisierung steht bei vielen Unternehmen in den Startlöchern, sodass absoluter Zugzwang auf Unternehmensseite entsteht. Letztlich werden sich auch Konsequenzen der Corona-Pandemie 2020 in den Bemühungen um Digitalisierung niederschlagen. Das betrifft unter anderem auch den Mittelstand. Nicht zuletzt in diesem Bereich gibt es viele Unternehmen, die sich für die digitale Zukunft neu aufstellen müssen und ihre Produktentwicklungsprozesse beschleunigen müssen. Hier kann Agilität der Schlüssel sein, um Anforderungen und Tempo der Digitalisierung zu meistern. Die optimierten Prozesse werden geprüft und auf den Kunden ausgerichtet. Daher wird es in den kommenden Jahren mit Sicherheit weitere Forschungen geben, die das Zusammenspiel von Agilität und Digitalisierung untersuchen werden.

Ebenso interessant ist die weitere Entwicklung des Agilen Manifests. Es ist vorstellbar, dass es Experten gibt, die das Manifest eventuell überarbeiten oder eine ganz neue Fassung herausbringen. Je mehr Agilität in den kommenden Jahren an Bedeutung gewinnen wird, desto mehr Forschung wird es sicherlich zu diesem Thema geben.

Mein persönliches Interesse gilt dem Testing des von mir entwickelten Drei-Ebenen-Modells in der Praxis, um herausfinden zu können, ob dies tatsächlich einen Einstieg in die Agilität erleichtert. Für die Internetagentur, in der ich arbeite, wäre dieses Modell im Vorfeld sicherlich hilfreich gewesen, um einen gewissen Rahmen der Agilität abzustecken. Einen Plan zu entwickeln, wo ein Unternehmen eigentlich hinmöchte und welche ersten Schritte dabei helfen können. Vielleicht ist es sogar möglich, das Modell etwas breiter zu streuen und dies in der Breite zu testen.

Abschließend lässt sich formulieren, dass die Agilität oder auch das agile Arbeiten viel mehr ist als nur für Softwareprojekte geeignet; es ist auch viel mehr als nur ein „Problemlöser“. Agilität ist eine Denkhaltung. Eine Denkhaltung, die moderne Organisationsentwicklungsansätze und die Fokussierung auf den Kunden vereint.

Anhang

Anhang I: Interview Leitfaden

Einleitung

- Danken für Bereitschaft zum Interview
- Vorstellung des Themas: Wie kann man sich auf Basis des Agilen Manifests transformieren?
- Ziel, Vorgehen und ungefähre Dauer des Interviews: Erkenntnisgewinnung im Rahmen der qualitativen Forschung, Durchführung von Interviews um neue Erkenntnisse im Rahmen der Anwendbarkeit und der Aktualität gewinnen zu können, Interviewer ist neutral gegenüber Thema, Offenheit und Ehrlichkeit erwünscht; Ermunterung zu freiem Reden und lautem Denken, keine Wertung, Dauer ca. 30 Minuten
- Vertraulichkeit und Datenschutz: Aufzeichnung des Interviews damit nichts verlorengeht, nach Analyse wird Aufnahme gelöscht, Zusicherung der Anonymität, ich halte mich an das Datenschutzrecht.
- Vorstellung der Person
- Einleitende Worte: Durchgehen des Agilen Manifests der Softwareentwicklung
- Interviewbeginn

Literaturverzeichnis

Au, C. von (Hrsg.) (Leadership-Organisation, 2017), Struktur und Kultur einer Leadership-Organisation, Holistik, Wertschätzung, Vertrauen, Agilität und Lernen, Wiesbaden, Springer Fachmedien Wiesbaden; Imprint; Springer, 2017

Bartonitz, M. u. a. (Agile Verwaltung, 2018), Agile Verwaltung, Berlin, Heidelberg, Springer Berlin Heidelberg, 2018

Baur, N., Blasius, J. (Methoden der empirischen Sozialforschung, 2014), Handbuch Methoden der empirischen Sozialforschung, Wiesbaden, Springer Fachmedien Wiesba-den, 2014

Beckedahl, M., Lüke, F. (Digitale Gesellschaft, 2012), Die digitale Gesellschaft, Netzpolitik, Bürgerrechte und die Machtfrage, Bd. 24925, München, dtv, 2012

Befragte 1 (2019), Senior Agile Coach, Aktualität des Agilen, Interview vom 18.11.19, vgl. Anhang III

Befragter 2 (2019), Netzwerk-Manager, Aktualität des Agilen, Interview vom 19.11.19, vgl. Anhang IV

Befragter 3 (2019), Head of Business Development , Aktualität des Agilen, Interview vom 05.12.19, vgl. Anhang V

Befragter 4 (2019), VP Produkt Management, Aktualität des Agilen, Interview vom 06.12.19, vgl. Anhang VII

Befragte 5 (2019), Senior Personalentwicklerin, Aktualität des Agilen, Interview vom 05.12.19, vgl. Anhang VI

Bitkom Research (Digitalisierungsgrad, 2018), Umfrage zum Digitalisierungsgrad in deutschen Unternehmen nach Unternehmensgröße 2018, 2018

Boes, A. u. a. (Organisationsformen), Lean und agil im Büro, Neue Organisationskonzepte in der digitalen Transformation und ihre Folgen für die Angestellten, Transcript Verlag

Breitschopf, K./Rump, J. (Agile Organisation, 2018), HR-Report 2018, Schwerpunkt Agile Organisation auf dem Prüfstand, 5000. Aufl., 2018

Breuer, F. (Breuer, 2019), Reflexive Grounded Theory, Springer Fachmedien Wiesbaden, 2019

Buber, R., Holzmüller, H. (Qualitative Marktforschung, 2009), Qualitative Marktforschung, Konzepte - Methoden - Analysen, 2., überarbeitete Auflage, Wiesbaden, Gabler Verlag / GWV Fachverlage GmbH Wiesbaden, 2009

DIHK (Umfrage, 2017), Umfrage zu erwarteten Auswirkungen der Digitalisierung auf deutsche Unternehmen 2017, 2017

Döring, N., Bortz, J. (Forschungsmethoden, 2016), Forschungsmethoden und Evaluation in den Sozial- und Humanwissenschaften, 5. vollständig überarbeitete, aktualisier-te und erweiterte Auflage, Berlin/Heidelberg, Springer, 2016

Dove, R. (Response Ability, 2001), Response Ability, The Language, Structure, and Culture of the Agile Enterprise, New York/Hoboken, J. Wiley; John Wiley & Sons, Incorporated, 2001

Flick, U./Kardoff, E./Steinke, I. (Hrsg.) (Qualitative Forschung, 2019), Qualitative Forschung, Ein Handbuch, Rowohlts Enzyklopädie, 13. Auflage, Originalausgabe, Reinbek bei Hamburg, Rowohlt Taschenbuch Verlag, 2019

Gehrckens, H. M. (Transformation, 2016), Agilität im Kontext der digitalen Transformation – Kernanforderung an die Organisation von morgen, Springer Fachmedien Wiesbaden, 2016

GPM Deutsche Gesellschaft für Projektmanagement e. V (Hrsg.) (Studie, 2017), Status Quo Agile, Studie zu Verbreitung und Nutzen agiler Methoden Eine empirische Un-tersuchung, 2017

Güttel, W. H. (Hrsg.) (Ambidextrie, 2017), Erfolgreich in turbulenten Zeiten, Impulse für Leadership Change Management & Ambidexterity, Mering, Rainer Hampp Ver-lag, 2017

Hanschke, I. (Unternehmenspraxis, 2017), Agile in der Unternehmenspraxis, Springer Fachmedien Wiesbaden, 2017

Häusling, A. (Organisationen, 2018), Agile Organisationen, [Erscheinungsort nicht ermittelbar]/Wiesbaden, Haufe Lexware; divibib GmbH, 2018

Häusling, A., Rutz, B. (Führungsstrukturen, 2017), Agile Führungsstrukturen und Führungskulturen zur Förderung der Selbstorganisation – Ausgestaltung und Herausfor-derungen, in: C. von Au (Hrsg.), Leadership-Organisation, 2017, S. 105–122

Heinemann, G./Gehrckens, H. M./Wolters, U. J. (Hrsg.) (Digitale Transformation, 2016), Digitale Transformation oder digitale Disruption im Handel, Wiesbaden, Springer Fachmedien Wiesbaden, 2016

Hofert, S. (Mindest, 2018), Das agile Mindset, Springer Fachmedien Wiesbaden, 2018

Holbeche, L. (Agile, 2019), Designing sustainably agile and resilient organizations, in: Syst Res Behav Sci 36 (2019), , Heft 5, S. 668–677, https://doi.org/10.1002/sres.2624

Kaiser, R. J. (Experteninterviews, 2014), Qualitative Experteninterviews, Springer Fachmedien Wiesbaden, 2014

Kaufmann, M. (Dienstleistungsinnovation, 2019), Digitale Dienstleistungsinnovationen, Smart services agil und kundenorientiert, 2019

Kienbaum Consultants International und (Reifegrad HR, 2018), All agile HR?, Erkenntnisse zum Reifegrad der HR-Funktion in der agilen Transformation, 2018

Kreutzer, R., Land, K.-H. (Darwinismus, 2016), Digitaler Darwinismus, Der stille An-griff auf Ihr Geschäftsmodell und Ihre Marke, 2. Auflage, Wiesbaden, Springer Ga-bler, 2016

Laloux, F. (Reinventing Organizations, 2016), Reinventing Organizations visuell: Ein illustrierter Leitfaden sinnstiftender Formen der Zusammenarbeit, [Place of publicati-on not identified], Verlag C.H. Beck; Vahlen, 2016

Lindner, D. (KMU, 2019), KMU im digitalen Wandel, Springer Fachmedien Wiesba-den, 2019

Mayring, P. (Sozialforschung, 2002), Qualitative Sozialforschung, s.l., Beltz Verlagsgruppe, 2002

— (Sozialforschung, 2016), Einführung in die qualitative Sozialforschung, Eine Anleiting zu qualitativem Denken, 6., überarb. Aufl., Weinheim/Basel, Beltz Verlag, 2016

Meredith, S., Francis, D. (Agile Wheel, 2000), Journey towards agility: the agile wheel explored, in: The TQM Magazine 12 (2000), Heft 2, S. 137–143, https://doi.org/10.1108/09544780010318398

Mezick, D. u. a. (Handbuch, 2019), Das OpenSpace Agility Handbuch, Organisationen erfolgreich transformieren, Wangen, peppair, 2019

Misoch, S. (Interviews), Qualitative Interviews, De Gruyter

Oestereich, B., Weiss, C. (Projektmanagement, 2008), Agiles Projektmanagement, APM ; erfolgreiches timeboxing für IT-Projekte, Heidelberg, Dpunkt-Verl., 2008

Prodoehl, H. G., Olbert, S., Prof. Worley C. G. (Agilität Wettbewerb), Agilität als Wettbewerbsvorteil, Der Agile Performer Index

Reutner, U. (Hrsg.) (Revolution, 2012), Von der digitalen zur interkulturellen Revolution, Baden-Baden, Nomos, 2012

Sauter, R., Sauter, W., Wolfig, R. (Agile Werte, 2018), Agile Werte- und Kompetenz-entwicklung, Berlin, Heidelberg, Springer Berlin Heidelberg, 2018

Schwaber, K., Sutherland, J. (Hrsg.) (Scrum Guide, 2017), Der Scrum Guide™, Der gültige Leitfaden für Scrum: Die Spielregeln, 2017

Sharifi, H., Zhang, Z. (Agile Manufacturing, 2001), Agile manufacturing in practice - Application of a methodology, in: Int Jrnl of Op & Prod Mnagemnt 21 (2001), 5/6, https://doi.org/10.1108/01443570110390462

Silverman, D. (Research, 2013), Doing qualitative research, Fourth edition, Los Angeles, CA, SAGE, 2013

Strübing, J. u. a. (Gütekriterien, 2018), Gütekriterien qualitativer Sozialforschung. Ein Diskussionsanstoß, in: Zeitschrift für Soziologie 47 (2018), Heft 2, S. 83–100, https://doi.org/10.1515/zfsoz-2018-1006

Töpfer, A. (Forschen, 2012), Erfolgreich Forschen, Ein Leitfaden für Bachelor-, Master-Studierende und Doktoranden, 3., überarbeitete und erweiterte Auflage, Wiesbaden, Springer Gabler, 2012

Wagner, D. J. (Digital Leadership, 2018), Digital Leadership, Springer Fachmedien Wiesbaden, 2018

Weinreich, U. (Lean, 2016), Lean Digitization, Digitale Transformation durch agiles Management, Berlin, Gabler, 2016

Wolan, M. (Innovation, 2018), Digitale Innovation, Schneller. Wirtschaftlicher. Nachhaltiger, 3. Auflage, Göttingen, BusinessVillage, 2018

Zepke, G. (Forschung, 2016), Lust auf qualitative Forschung, Eine Einführung für die Praxis, [Erscheinungsort nicht ermittelbar], Texte zur Systemischen Organisationsforschung, 2016

Internetdokumente

Das magische Dreieck im Projektmanagement (Agile Master, 2019) (12.05.2019) <https://www.agile-master.de/magisches-dreieck-projektmanagement/> [Zugriff am 01.10.2019].

Beck, K., Beedle, M. (Manifest, 2001), Manifest für Agile Softwareentwicklung (2001) <https://agilemanifesto.org/iso/de/manifesto.html> [Zugriff am 01.10.2019].

Bitkom Research (Über Bitkom), Über die Firma Bitkom <https://www.bitkom-research.de/de/unser-unternehmen> [Zugriff am 02.11.2019].

Fülöpp, S. (TRAFO-Modell), Pioneers TRAFO-Modell <https://hr-pioneers.com/leistungen/unsere-beratung/unsere-modelle/pioneers-trafo-modell/> [Zugriff am 10.12.2019].

Hays (Digitale Transformation, 2017), Was sind Ihrer Meinung nach die größten Herausforderungen der digitalen Transformation für die Arbeitsorganisation? (2017) <https://de.statista.com/statistik/daten/studie/682289/umfrage/umfrage-zu-herausforderungen-der-digitalen-transformation-fuer-die-arbeitsorganisation/> [Zu-griff am 05.12.2019].

Lindner, D. (Holokratie, 2016), Agile Unternehmen und Holokratie, Agile Organisation (2016) <https://agile-unternehmen.de/agile-unternehmen-holokratie/> [Zugriff am 23.11.2019].

— (Experteninterview, 2017), Tipps Experteninterview: Auswertung und Experten finden (01.12.2017) <https://agile-unternehmen.de/experteninterview-auswertung-finden/> [Zugriff am 24.11.2019].

REWE Unternehmenskommunikation (Pressemeldung, 2016), Studie bestätigt Spitzenposition vom REWE Lieferservice (10.10.2016) <https://presse.rewe.de/artikel/spitzenposition-vom-rewe-lieferservice/> [Zugriff am 10.09.2019].

Siepermann, M. (Scrum, 2018), Revision von Scrum (19.02.2018) <https://wirtschaftslexikon.gabler.de/definition/scrum-53462/version-276551> [Zu-griff am 05.10.2019].

sipgate GmbH (Work Hacks, 2016), 24 Work Hacks – Das erste sipgate-Buc (2016) <https://www.sipgate.de/blog/24-work-hacks> [Zugriff am 16.11.2019].

Die Einführung eines Social Intranets –

Untersuchung des Mehrwerts und Analyse der Möglichkeiten für Unternehmen

von Alena Möbes

Abkürzungsverzeichnis

AOL	America Online
ARPANET	Advanced Research Project Agency Network
ARPA	Advanced Research Project Agency
EDV	Elektronische Datenverarbeitung
IT	Informationstechnik
PC	Personal Computer
RSS-Feed	Rich Site Summary-Feed
vgl.	vergleiche
WWW	World Wide Web

1. Einleitung

Die digitale Transformation beschäftigt Unternehmen über alle Branchen und Unternehmensgrößen hinweg. Unternehmen, die von der Digitalisierung profitieren wollen, müssen sich an die Veränderungen anpassen. Die fortschreitende Digitalisierung ist Teil der gesellschaftlichen Entwicklung geworden und betrifft nicht nur den privaten Bereich, sondern auch die industrielle Produktion. Die Industrieentwicklung 4.0 verfolgt das Ziel, mithilfe digitaler Werkzeuge eine agile, innovative und effiziente Arbeitswelt zu schaffen. Diese Ziele müssen von Unternehmen in der Unternehmenskultur verankert werden. Zusätzlich müssen Geschäftsmodelle und -prozesse neu ausgerichtet und optimiert werden.[223]

Infolge der digitalen Transformation entstehen neue Formen und Strukturen der Arbeitsorganisation innerhalb der Unternehmen. Das können neue Anforderungen an die Zusammenarbeit, Führung, Selbstorganisation, Vergütung sowie die zeitliche und räumliche Flexibilität innerhalb der Unternehmen sein.[224]

Es entstehen neue Anforderungen der Mitarbeiter durch den privaten Umgang mit dem Internet. Im Laufe der Jahre hat sich das Nutzerverhalten massiv verändert. Seit ca. 2007 entwickelte sich das Internet zum Web 2.0, in dem keine Einwegkommunikation mehr stattfindet.[225] Nutzer können stattdessen miteinander kommunizieren und ihr Wissen austauschen, wodurch die Zusammenarbeit erleichtert werden kann.[226] Bislang wurde das Internet als reines Kommunikationsmittel genutzt und veränderte mit seiner Entwicklung das Leben aller Nutzer. Das Web 2.0 durchläuft einen Wandel zum semantischen Web 3.0. Dabei werden Informationen nach Bedeutung klassifiziert, um Nutzern den Umgang mit ihnen zu vereinfachen.[227]

Die Digitalisierung prägt nicht nur das Arbeitsleben, sondern auch das soziale Miteinander. Das Web 2.0 eröffnet neue Formen der privaten Lebensgestaltung. Tablets, PCs und Smartphones werden heute schon in den Vorschulen verwendet. Der selbstverständliche Umgang mit sozialen Medien eröffnet Erwartungen an die berufliche Nutzung digitaler Medien. Mitarbeiter von Unternehmen haben durch die private Erfahrung keine Berührungsängste mit sozialen Medien und somit die Möglichkeit, das private und

223 Vgl. https://www.computerwoche.de/a/so-gelingt-die-digitale-transformation,3313052, Zugriff am 26.09.2019.

224 Vgl. *Schwuchow, K., Gutmann, J.,* HR-Trends 2019, 2018, S. 19.

225 Vgl. *Meier, S., Lütolf, D., Schillerwein, S.,* Herausforderung, 2015, S. 14.

226 Vgl. Meier, S., Lütolf, D., Schillerwein, S., Herausforderung, 2015, S. 137.

227 Vgl. Schindler, M-C., Liller, T., PR, 2014, S. 5f.

berufliche Benutzererlebnis zu vergleichen. Meist werden unterschiedliche Dienste angeboten, deren Nutzung ein Selbstverständnis darstellt. In Unternehmen hingegen dauert die Einführung neuer Technologien deutlich länger.[228]

Der Vergleich zwischen der privaten und der beruflichen Nutzung des Intranets eröffnet Unternehmen Chancen, die im Web geformten Anforderungen und Ansprüche für den beruflichen Alltag nutzbar zu machen. Durch diese Übertragung entstehen allerdings auch Risiken für das Unternehmen.[229]

1.1 Motivation

Eine relevante Frage für Unternehmen ist, ob Mitarbeiter in Zukunft das Intranet als klassisches Arbeitsmedium akzeptieren werden, denn seit Beginn des World Wide Web (WWW) in den 1990er-Jahren erfolgt eine rasante Entwicklung des WWW. Zum damaligen Zeitpunkt konnte das Web nur mit einschlägigen IT-Kenntnissen bedient werden. Heute ist es ein Alltagsmedium für fast alle Menschen mit einem Onlinezugang.[230]

Aus Unternehmenssicht waren die Ursprünge des Intranets übersichtlich, da es lediglich als digitalisierte Unternehmenszeitschrift mit dem Fokus auf dem Menüplan galt.[231] Heute besitzen Unternehmen viele verschiedene Kommunikationskanäle wie das Intranet, Wikis, E-Mails oder Microsoft Teams. Daraus resultiert eine Informationsflut und überquellende E-Mail-Postfächer. Der Fokus auf das Wesentliche geht verloren. Mitarbeiter werden mit irrelevanten Nachrichten von der Arbeit abgehalten und können die verschiedenen Kommunikationskanäle im Unternehmen kaum noch überblicken.[232] Elektronische Kooperationsmedien sind in Unternehmen weit verbreitet, werden aber häufig nicht anwendungsgerecht eingesetzt.[233]

Die herkömmlichen Prozesse des Intranets können ohne eine Veränderung der Strukturen mit der Geschwindigkeit von agilen Start-ups nicht mithalten. Eine mögliche Anpassung ist die Einführung eines Social Intranets. Prozesse können dadurch an Situationen angeglichen werden, Arbeit wird neu organisiert, langwierige Abstimmungen über E-Mails werden aufgelöst und die Suche nach passenden und aktuellen Dokumenten wird einfacher gestaltet. Das Social Intranet ist eine moderne Plattform, um die interne Unternehmenskommunikation zu organisieren, Mitarbeiter zu vernetzen und die

228 Vgl. *Meier, S., Lütolf, D., Schillerwein, S.*, Herausforderung, 2015, S. 1f.
229 Vgl. *Meier, S., Lütolf, D., Schillerwein, S.*, Herausforderung, 2015, S. 1f.
230 Vgl. *Bächle, M.*, Wissensmanagement, 2016, S. 1.
231 Vgl. *Riemke-Gurzki, T.*, Unternehmensportale, 2014, S. 9.
232 Vgl. Meier, S., Lütolf, D., Schillerwein, S., Herausforderung, 2015, S. 4.
233 Vgl. *Rogger, C., Karabasz, R.*, Social Media, 2014, S. 1.

Zusammenarbeit zu stärken.[234] Um diese Veränderungen für das Unternehmen nutzen zu können, bedarf es der Bereitschaft, Innovationen anzunehmen und zu nutzen. Sowohl das Unternehmen als auch die Mitarbeiter müssen offen sein für dieses neue Medium und sowohl personelle als auch technische Ressourcen sowie ein entsprechendes Budget zur Verfügung stellen.[235]

Das Social Intranet kann die Zusammenarbeit innerhalb des Unternehmens erleichtern und vereinfacht die Kommunikation. Dennoch bestehen aus der Sicht vieler Unternehmen Unsicherheiten bei der Einführung eines Social Intranets.[236] Eine Studie von Göhring, Niemeier und Vujnovic aus dem Jahr 2010 mit dem Titel ‚Enterprise 2.0 – Zehn Einblicke in den Stand der Einführung‘ zeigt, dass die Nutzung von sozialer Software und damit Social Intranets schon zum damaligen Zeitpunkt keine Besonderheit war, sondern eine Nutzungsmöglichkeit für die breite Masse.[237]

Die Untersuchung des Mehrwertes und der Möglichkeiten durch die Einführung des Social Intranets ist für Unternehmen von Bedeutung, damit diese Entwicklungsmöglichkeiten erkennen können. Daraus entsteht allerdings die Frage, ob die industrielle Nutzung der privaten Anwendung von sozialer Software der nächste Schritt für die interne Unternehmenskommunikation ist.

1.2 Aufgabenstellung

Um die Erwartungen der Mitarbeiter durch die private Nutzung sozialer Netzwerke und digitaler Tools in die Arbeitswelt zu integrieren, kann das Social Intranet eine mögliche Alternative zum klassischen Intranet sein. Aus diesem Grund wird zum Thema ‚Die Einführung eines Social Intranets – Untersuchung des Mehrwerts und Analyse der Möglichkeiten für Unternehmen‘ folgende Forschungsfrage untersucht:

Welche Veränderungen ergeben sich durch die Einführung eines Social Intranets für Unternehmen?

Um die Forschungsfrage zu beantworten, wird Hintergrundwissen erarbeitet, mögliche Szenarien bei Einführung eines Social Intranets aufgestellt und eine qualitative Inhaltsanalyse anhand von Experteninterviews durchgeführt.

---

234 Vgl. https://www.der-bank-blog.de/social-intranet-change/social-media/37653383/, Zugriff am 28.09.2019

235 Vgl. Widuckel, W., de Molina, K., Ringlstetter, M., Frey, D., Arbeitskultur, 2015, S. 248.

236 Vgl. Meier, S., Lütolf, D., Schillerwein, S., Herausforderung, 2015, S. 4.

237 Vgl. Seibert, M., Preuss, S., Rauer, M., 2011, S. 57.

Die geführten Experteninterviews werden anschließend anhand einer qualitativen Inhaltsanalyse nach Mayring verglichen und interpretiert. Die Ergebnisse werden in Form eines Fazits zusammengefasst. Abschließend wird ein Ausblick auf mögliche Entwicklungen erarbeiten.

1.3 Aufbau der Arbeit

Zu Beginn werden anhand einer theoretischen Ausarbeitung Hintergrundinformationen zum Thema Social Intranet zur Verfügung gestellt. Wesentliche Begriffe wie Web 2.0, Intranet und Social Intranet werden erläutert.

Nach der theoretischen Ausarbeitung wird die Methode vorgestellt. Anschließend werden mögliche Szenarien durch die Einführung eines Social Intranets durchgespielt. Dazu wird ein Best-Case- und ein Worst-Case-Szenario aufgestellt. Anschließend werden die Szenarien mit den Antworten aus den Experteninterviews verglichen. Aus diesem Grund erfolgt die Szenario-Analyse vor den Experteninterviews. Aus diesen werden die Daten für die Auswertung erhoben.

Anknüpfend erfolgt in Kapitel 5 die empirische Erhebung. Diese basiert auf einer qualitativen Forschung mithilfe von Experteninterviews. Diese Ergebnisse werden durch die Inhaltsanalyse nach Mayring ausgewertet und interpretiert. Außerdem wird die Forschungsfrage beantwortet.

Zum Schluss werden wesentlichen Aussagen und Ergebnisse zusammengefasst und eine kritische Reflexion und ein Ausblick erstellt. Außerdem werden die Ziele und Gütekriterien überprüft.

1.4 Ziele

Der aktuelle Forschungsstand zeigt, dass sich das Internet schneller entwickelt als das Intranet. Die interne Unternehmenskommunikation in Form des Intranets kann mit den Benutzererlebnissen des Internets nicht konkurrieren. Aus diesem Grund kann die neue Form des Intranets, das Social Intranet, die interne Unternehmenskommunikation revolutionieren.[238]

---

238 Vgl. Meier, S., Lütolf, D., Schillerwein, S., Herausforderung, 2015, S. 1f.

Diese Ausarbeitung verfolgt das Ziel, die Einführung eines Social Intranets zu untersuchen und den Mehrwert bzw. die Möglichkeiten für Unternehmen zu analysieren. Das Ziel wird in vier Teilbereiche gegliedert:

Das deskriptive Ziel widmet sich der Beschreibung des Themas nach dem aktuellen Forschungsstand. Dieses Ziel ist erreicht, wenn die Theorie anschaulich dargestellt wurde. Dies dient der einheitlichen Begriffsdefinition.[239]

Das analytische Ziel beinhaltet Methoden, um Wissen herauszuarbeiten und neue Informationen zu erhalten. Das Experteninterview und die Szenario-Analyse hilft als Instrument, die Forschungsfrage zu beantworten. [240]

Das pragmatische Ziel ist, eine Empfehlung und eine Entscheidungsgrundlage zu entwickeln, indem der Mehrwert durch die Einführung eines Social Intranets für Unternehmen herausgearbeitet wird. Dies gilt als erreicht, wenn Unternehmen mithilfe der Ausarbeitung mögliche Mehrwerte, die aus der Einführung eines Social Intranets für ihr Unternehmen resultieren, erkennen.[241]

Ein weiteres Ziel ist persönlicher Art. Die Autorin betrachtet über die betriebswirtschaftliche Sicht des Themas hinaus weitere Perspektiven, z. B. Menschlichkeit, Kommunikation und Bedürfnisse aller Beteiligten.

2. Social Intranet im Unternehmen

Die Digitalisierung betrifft sowohl den beruflichen als auch den privaten Bereich. Neben der Digitalisierung ist die Sammlung von Daten zentral für den Erfolg von Unternehmen. Dazu kommen ‚Mega Trends' wie Big Data, Web 2.0 und künstliche Intelligenz (KI). Durch Veränderungen und neue Herausforderungen werden in Unternehmen Prozesse generiert und optimiert.[242] Das klassische Intranet durchlebt aktuell eine Veränderung in Unternehmen. Durch die Entwicklung des Web 2.0 im privaten und beruflichen Bereich genügt das Intranet den vorhandenen Anforderungen nicht mehr und wird zum Social Intranet weiterentwickelt.[243]

---

239 Vgl. *Austerschulte, L.*, Messinstrument, 2014, S. 6.

240 Vgl. *Wycisk, C.*, Flexibilität, 2009, S. 17.

241 Vgl. *Wycisk, C.*, Flexibilität, 2009, S. 17.

242 Vgl. *Huber, W.*, Industrie 4.0, 2018, S. 4.

243 Vgl. https://t3n.de/news/eigentlich-social-intranet-504975/.html, Zugriff am 29.09.2019.

Im Folgenden werden die Begriffe Internet (siehe Kapitel 2.1), Web 2.0 (siehe Kapitel 2.2), Intranet (siehe Kapitel 2.3) und Social Intranet (siehe Kapitel 2.4) definiert. Neben der Begriffsdefinition erfolgt in Abschnitt 2.1 eine kurze Beschreibung der Entwicklung des Internets. Dabei soll lediglich ein Überblick der Begrifflichkeiten und keine detaillierte Erläuterung erfolgen. Für das Verständnis ist ein kurzer Überblick zur Entwicklung des Internets hilfreich, um anschließend die Entwicklung des Web 2.0 und die Weiterentwicklung vom klassischen Intranet zum Social Intranet zu verstehen.

Eine detailliertere Beschreibung des Social Intranets im Zusammenhang mit der Entwicklung der Szenarien wird in Kapitel 4 gegeben.

2.1 Internet

Im täglichen Sprachgebrauch werden die Begriffe WWW und Internet vermischt und gleichgesetzt. Allerdings besteht zwischen diesen beiden Begriffen ein technischer Unterschied. Das WWW ist nur ein Teil des Internets und kann anhand von Webbrowsern wie Google Chrome oder Safari genutzt werden. Hauptsächlich wird das WWW für einen schnellen Daten- und Informationsaustausch verwendet.[244]

Als Definition des Begriffs Internet wird in dieser Ausarbeitung folgende Erklärung verwendet: Das Internet ist ein dezentrales und globales Netzwerk, das durch mehrere lokale Einzelnetzwerke den größten Netzwerkzusammenschluss der Welt bildet.[245] Durch das Internet werden verschiedene Dienste angeboten, die zum Beispiel den Austausch von Informationen per E-Mail ermöglichen. Das Internet erlaubt durch Portale die individuelle Nutzung. Durch die unterschiedlichen Serviceangebote werden mithilfe von Websites Nachrichten verbreitet, Preisvergleiche gestartet oder Chatrooms bereitgestellt.[246]

Die Entstehung des Internets begann in den 1960er-Jahren. Die USA investierten neben der Forschung in die Raumfahrt auch in die Bereiche EDV und Computer. Im Jahr 1958 wurde das Forschungsprojekt ARPA (Advanced Research Projekt Agency) von dem Verteidigungsministerium der USA gegründet, um neue Technologien für den militärischen Gebrauch zu entwickeln. Die Idee der Vernetzung von Rechnern und dezentralen Netzwerkstrukturen sollte als Kommunikationsmittel für das Militär in Krisenzeiten und

---

[244] Vgl. https://t3n.de/news/world-wide-web-internet-unterschied-740611/.html, Zugriff am 03.10.2019.

[245] Vgl. https://praxistipps.chip.de/internet-und-intranet-das-ist-der-unterschied_36662.html, Zugriff am 03.10.2019.

[246] Vgl. https://wirtschaftslexikon.gabler.de/definition/internet-37192.html, Zugriff am 08.11.2019.

während Angriffen genutzt werden. Anhand dieser militärischen Forschung wurde das ARPANET (Advanced Research Project Agency Network) als neue Kommunikationsstruktur innerhalb des Militärs entwickelt. Es verband Forschungseinrichtungen, Rüstungszentren sowie militärische Einrichtungen und ermöglichte somit eine neue Art der Kommunikation.[247] Weitere Forschungszentren wurden miteinander verbunden und das ARPANET verschmolz mit anderen Netzwerken - der Begriff des Internets entstand. Das ARPANET gilt daher als Vorgänger des heute bekannten Internets.[248]

Der britische Informatiker Tim Berners-Lee prägte die Entwicklung des WWW, indem er 1989 einen einheitlichen Informationsaustausch ermöglichte. Die Idee dahinter war, dass Wissenschaftler Forschungsergebnisse einfach und schnell über das WWW austauschen können. Durch diese Entwicklung legte Berners-Lee den Grundstein für die Nutzung des WWW als Massenmedium für alle Menschen.[249]

Kommerzielle Provider wie AOL eröffneten den Zugang für alle Menschen. Immer mehr private Haushalte wurden dadurch an das Internet angeschlossen und konnten die Angebote des WWW nutzen. In den 1990er-Jahren erstellten Unternehmen ihre eigenen Websites und boten Informationen oder Produkte als Websitebetreiber an. Große Unternehmen waren die Vorreiter und machten das Kürzel „.com‘ zu einem Markenzeichen.

Die sich etablierende Technologie wurde 2004 von Tim O´Reilly gelenkt und entwickelte sich zum Web 2.0. Das neue Zeitalter des Internets wurde ebenfalls geprägt durch den Begriff des ‚Mitmach-Internets‘.[250] Bekannt wurde dieser Begriff durch den im Jahr 2005 veröffentlichten Artikel ‚What is Web 2.0?‘ von Tim O´Reilly.[251] Durch jenen Softwareentwickler und Autor mehrerer Bücher, die er über seinen eigenen Verlag ‚O´Reilly Verlag‘ veröffentlichte, wurde die erste kommerzielle Website online geschaltet und später an AOL verkauft.[252]

2.2 Web 2.0

Eine einheitliche Definition des Begriffs Web 2.0 ist auch nach der Bekanntmachung des Begriffs im Jahr 2004/2005 durch O‘Reilly nicht vorhanden. Aus diesem Grund gilt die folgende Beschreibung als Definition: Das Web 2.0 zeichnet sich nicht durch eine

247 Vgl. *Ellwein, C.,* Suche, 2002, S. 19.
248 Vgl. Braun, T., Geschichte und Entwicklung, 2010, S. 96.
249 Vgl. Braun, T., Geschichte und Entwicklung, 2010, S. 96.
250 Vgl. *Braun, T.,* Geschichte und Entwicklung, 2010, S. 97.
251 Vgl. https://oreilly.com/pub/a/web2/archive/what-is-web-20.html, Zugriff am 04.10.2019.
252 Vgl. Wynants, M., Cornelis, J., 2005, S. 109.

neuartige Technologie aus, sondern durch eine sozio-technische Veränderung des Internets. Durch das Web 2.0 wurden die Möglichkeit der Nutzung und das Angebot des WWW weiterentwickelt. Nutzer erhalten nicht mehr nur Informationen und können Produkte über Websitebetreiber erwerben, sondern können sich aktiv an der Gestaltung des WWW beteiligen.[253]

Neben den sozialen Netzwerken bietet das bereits beschriebene ‚Mitmach-Web' viele weitere Anwendungsmöglichkeiten. Das können z. B. neben den sozialen Netzwerken, Webblogs, Wikis oder Chats sein. Diese Anwendungen gehören zu der Kategorie der Social Software und ermöglichen die digitale Beziehung zwischen Personen, die allgemeine Kommunikation im Web, die Selbstorganisation und Transparenz. Der Begriff Social Software wird vor allem im Zusammenhang mit dem Web 2.0 genannt.[254] Social-Software-Anwendungen werden in der nachfolgenden Ausarbeitung eine entscheidende Rolle für die Entwicklung vom Intranet zum Social Intranet einnehmen. Daher bedarf es einer genaueren Beschreibung.

Um die vielseitige Nutzungsmöglichkeit des Web 2.0 und damit Social-Software Anwendungen für Social Intranets zu verdeutlichen, werden im Folgenden drei Social-Software-Dienste vorgestellt:

‚Wikis' sind Plattformen, auf denen Fachwissen von mehreren Personen zu einem bestimmten Thema zusammengefasst und zugänglich gemacht wird. Informationen können sowohl gelesen als auch geändert und ergänzt werden. Wikis bieten die Möglichkeit Fachinformationen zu liefern, Hilfestellungen zu geben und als Lernplattform genutzt zu werden. Sie haben den Vorteil eine breite Masse von Menschen auf der ganzen Welt Zugang zu Wissen zu eröffnen.[255] Das bekannteste Wiki ist die Internet-Enzyklopädie Wikipedia.[256]

Zu den Social-Software-Diensten gehören auch die ‚Media-Sharing-Dienste'. Diese Plattformen ermöglichen es, Fotos und Videos öffentlich zugänglich zu machen. Dabei kann der Inhaber der Fotos und Videos entscheiden, ob diese im Privatmodus für ausgewählte Personen sichtbar oder öffentlich für alle Personen einsehbar sind. Eine der bekanntesten Plattformen für Fotos ist ‚Flickr'.[257] Der bekannteste Video-Sharing-Dienst ist

---

253 Vgl. https://wirtschaftslexikon.gabler.de/definition/web-20-51842.html, Zugriff am 06.10.2019.

254 Vgl. *Roebers, F., Leisenberg, M.,* Theorie und Praxis, 2010, S. 45.

255 Vgl. *Roebers, F., Leisenberg, M.,* Theorie und Praxis, 2010, S. 61.

256 Vgl. https://de.wikipedia.org/wiki/Wiki.html, Zugriff am 08.11.2019.

257 Vgl. *Braun, T.,* Geschichte und Entwicklung, 2010, S. 100.

‚YouTube'. Hier werden täglich unter anderem Inhalte zu den Themen Musik, selbstgedrehte Filme oder Lernvideos zur Verfügung gestellt.[258]

Das dritte Beispiel sind ‚Blogs'. Das sind Webseiten mit Informationen, die regelmäßig von einem Autor, dem Blogger, aktualisiert werden. Das können unter anderem Internet-Tagebücher, Online-Journale oder Blogs von Unternehmen sein. Im Gegensatz zum klassischen Journalismus sind Blogs meist subjektiv und auf ein bestimmtes Thema bezogen. Innerhalb der Blogs können Leser Kommentare hinterlassen und ihre eigene Meinung zum Gelesenen teilen. Aus diesen Kommentaren können Diskussionen entstehen, wodurch Leser vom Konsumenten zum Produzenten von Inhalten werden.[259] Eines der bekanntesten Portale ist ‚Twitter'. Es vernetzt Menschen und ermöglicht einen Austausch von Informationen in Echtzeit.[260]

Die aufgeführten Social Softwares sind nur drei Beispiele von vielen Nutzungsmöglichkeiten des Web 2.0. Weitere Dienste sind unter anderem soziale Netzwerke, Bewertungsportale, Podcasts und RSS-Feeds.[261]

Auch das Web 2.0 entwickelt sich weiter und wird zum Web 3.0 (semantisches Web), indem Daten aufbereitet und nicht nur von Menschen gelesen werden können, sondern auch von Computern. Diese haben dann die Möglichkeit, Inhalte zu kombinieren, um komplexere Suchanfragen beantworten zu können.[262]

2.3 Intranet

Die Geschichte des Internets und des Intranets ähnelt sich. Wie bereits in Kapitel 2.1 beschrieben, war das ARPANET in den 60er-Jahren das erste Intranet der Welt.[263] Die Anfänge des WWW in den 1990er-Jahren wurden durch Tim Berners-Lee geprägt und erlaubten eine einheitliche interne Kommunikation.[264]

Die Anfänge des Intranets waren bescheiden und einfach. Unternehmen nutzten das Intranet als digitale Unternehmenszeitschrift, um z. B. den Essensplan für alle Mitarbeiter digital zur Verfügung zu stellen.[265] Im Laufe der Zeit wurde das Intranet nicht mehr nur

258 Vgl. *Raake, S., Hilker, C.,* Finanzbranche, 2010, S. 93f.
259 Vgl. Lytras, M., Tennyson, R., de Pablos, P., O., Knowledge, 2008, S. 22.
260 Vgl. *O'Reilly, T., Milstein*, S., Twitter, 2011, S. 20.
261 Vgl. *Braun, T.,* Geschichte und Entwicklung, 2010, S. 100ff.
262 Vgl. Breslin, J., G., Passant, A., Decker, S., Semantic, 2009, S. 269.
263 Vgl. *Ellwein, C.,* Suche, 2002, S. 19.
264 Vgl. *Braun, T.,* Geschichte und Entwicklung, 2010, S. 96.
265 Vgl. *Meier, S., Lütolf, D., Schillerwein, S.,* Herausforderung, 2015, S. 11ff.

zur digitalen Abbildung von Informationen genutzt, sondern als Möglichkeit der übergreifenden Zusammenarbeit.[266] Potenziale wurden erkannt und erweiterten das Intranet um z. B. Bilddatenbanken, Telefonbücher und Foren.[267] Inhalte für das klassische Intranet werden durch eine Redaktion gestellt, wodurch Mitarbeiter mit relevanten Informationen versorgt werden können.[268]

Das Intranet ist ein unternehmensinternes Computernetzwerk.[269] Definiert wird das Intranet als eine interne Variante des Internets, die durch diverse Sicherheitsvorkehrungen vor dem Zugriff unbefugter Personen geschützt wird.[270] Die Oberfläche des Intranets sieht aus wie eine Internetseite.[271]

Durch den Einfluss des Web 2.0 um das Jahr 2005 entwickelte sich das Intranet stetig weiter. Der Begriff Web 2.0 eröffnete die Diskussion rund um das Thema Kommunikation im WWW. Dadurch wurden das Internet und das Intranet nicht mehr nur als Einwegkommunikationsmittel gesehen. Resultierend aus dieser veränderten Kommunikationsmöglichkeit wurden zum Beispiel Blogs und Wikis in das Intranet integriert.[272]

2.4 Social Intranet

Das Social Intranet ist die Weiterentwicklung des klassischen Intranets und wird auch als Intranet 2.0 bezeichnet. Die folgende Beschreibung wird als Definition für die Ausarbeitung genutzt. Die Nutzungsmöglichkeiten werden im Detail in Kapitel 4 beschrieben.

Der Unterschied zum klassischen Intranet liegt in der Dynamik des Social Intranets. Hierbei steht die Zusammenarbeit der Nutzer im Vordergrund. Der Nutzer bzw. der Mitarbeiter entwickelt sich vom Konsumenten zum Redakteur und beteiligt sich aktiv an der Gestaltung des Intranets. Inhalte können ergänzt, verändert und individuell gestaltet werden. Die Mitarbeiter können eigene Blogbeiträge schreiben und in Wikis und

266 Vgl. *Lux, T.*, Engineering, 2005, S. 87.

267 Vgl. *Meier, S., Lütolf, D., Schillerwein, S.*, Herausforderung, 2015, S. 11ff.

268 Vgl. *Rogger, C., Karabasz, R.*, Social Media, 2014, S. 35.

269 Vgl. https://www.gabler-banklexikon.de/definition/intranet-58987.html, Zugriff am 09.10.2010.

270 Vgl. https://www.seo-analyse.com/seo-lexikon/i/intranet/.html, Zugriff am 22.10.2019.

271 Vgl. *Means, T.*, Communication, 2009, S. 199.

272 Vgl. *Meier, S., Lütolf, D., Schillerwein, S.*, Herausforderung, 2015, S. 11ff.

Foren nach Hilfestellungen und Antworten auf Fragen suchen oder selbst etwas veröffentlichen. Dabei steht die Vernetzung mit anderen im Fokus.[273]

Das klassische Intranet wird durch Anwendungen des Web 2.0 erweitert und ermöglicht an dieser Stelle die Einbindung der Mitarbeiter. Dabei stehen besonders Social Networking Tools im Mittelpunkt.[274] Der Einsatz von Werkzeugen des Web 2.0 wird auch als Enterprise 2.0 bezeichnet. Dazu zählen unter anderem die bereits beschriebenen Social-Software-Werkzeuge wie Blogs, Wikis und Social Networking Tools.[275]

Unternehmen nutzen das Social Intranet als digitalen Arbeitsplatz. Zusätzlich vorhandene Tools könnten dadurch abgeschafft werden und alle Informationen und Prozesse auf einer Oberfläche abrufbar sein. Durch das Social Intranet fällt das Wechseln zwischen verschiedenen Plattformen weg und spart somit Ressourcen.[276] Vielfältige Anforderungen können durch das Social Intranet erfüllt werden. Dabei kann eine moderne und schnelle interne Kommunikation zum Wettbewerbsvorteil werden.[277]

3. Empirische Forschung

Die theoretische Ausarbeitung zeigt, dass sich durch die Einführung eines Social Intranets Veränderungen für das Unternehmen ergeben. Die empirische Forschung wird genutzt, um Veränderungen, Mehrwerte und Möglichkeiten zu identifizieren. Der folgende Abschnitt beschreibt das dazugehörige Untersuchungsdesign, dass das methodische Vorgehen der Ausarbeitung festlegt.[278]

Zu Beginn werden in Kapitel 3.1 die qualitative Forschungsmethode des Experteninterviews beschrieben und die damit verbundene Relevanz der Ausarbeitung. Anschließend wird die Auswahl der Experten vorgestellt, siehe dazu Kapitel 3.2 Mithilfe des halb-standardisierten Leitfadens wurde das Experteninterview durchgeführt.[279] Der dazugehörige Leitfaden wird im Detail in Kapitel 3.3 erläutert. Um die Experteninterviews auszuwerten, wurde die qualitative Inhaltsanalyse nach Mayring ausgewählt. Diese

---

273 Vgl. https://t3n.de/news/eigentlich-social-intranet-504975/.html, Zugriff am 29.09.2019.

274 Vgl. *Lange, J., Datenflut,* 2009, S. 29.

275 Vgl. *Eberspächer, J., Holter, S.,* Enterprise, 2010, S. 95f.

276 Vgl. *Herzog, C.,* Teamwork, 2016, S. 9.

277 Vgl.https://arbeitsplatz40.de/social-intranet-ist-mehr-als-nur-ein-chat-programm-diese-10-funktionen sollte-ihr-social-intranet-besitzen/.html, Zugriff am 23.10.2019.

278 Vgl. *Bortz, J., Döring, N.,* Forschungsmethoden, 2013, S. 182.

279 Vgl. *Bauer, N., Blasius, J.,* empirische Sozialforschung, 2019, S. 560ff.

Analyseform wird in Kapitel 3.4 beschrieben.[280] Zum Ende des Abschnitts werden die Güterkriterien nach Mayring festgelegt, um die Wissenschaftlichkeit der Arbeit zu überprüfen, was in Kapitel 6 geschieht.[281]

3.1 Forschungsmethode: Experteninterview

Um Ergebnisse zu gewinnen, werden in der Literatur verschiedene Methoden genannt. Dabei wird zwischen qualitativer und quantitativer Forschung unterschieden. Bei der quantitativen Forschung werden große Datensätze untersucht und gemessen. Die qualitative Forschung hingegen untersucht eine deutlich kleinere Anzahl an Datensätzen. Neben der Untersuchungsgröße unterscheiden sich die Forschungsansätze hinsichtlich des Erkenntnisziels. Bei der quantitativen Forschung werden Hypothesen über einen Sachverhalt aufgestellt und anschließend überprüft. Im Gegensatz zur quantitativen Forschung werden bei der qualitativen Forschung Methoden genutzt, um unter anderem Meinungen und Einstellungen zu ergründen und daraus Erkenntnisse zu gewinnen. Dabei geht es nicht darum, harte Fakten zu untersuchen.[282]

Für diese Ausarbeitung wurde der qualitative Forschungsansatz ausgewählt, weil ein kleinerer Datensatz analysiert wird. Dabei handelt es sich um eine explorative Forschung, die genutzt wird, um Themen zu untersuchen, die bisher unbekannt oder wenig erforscht sind. Bei der Einführung eines neuen digitalen Produkts wie des Social Intranets ist wenig über den Forschungsgegenstand bekannt. Aus diesem Grund ermöglicht die explorative Forschung den Unternehmen, einen Einblick in dieses weniger bekannte bzw. unbekannte Thema zu erhalten. Um die notwendigen Informationen zu erlangen, muss es möglich sein, frei und flexibel zu forschen. Instrumente der explorativen Forschung können z. B. Tiefeninterviews oder die Expertenbefragungen sein.[283]

Der Forschungsauftrag fokussiert sich auf die Untersuchung und das Verstehen des vorhandenen Gegenstands und weniger auf das Messen von Daten.[284] Die Einführung eines Social Intranets in ein Unternehmen ist ein komplexes Vorhaben. Es kann für Unternehmen hilfreich sein, Mehrwerte und Möglichkeiten vorab zu identifizieren.

Für diese Ausarbeitung wurde als Erhebungsinstrument das Interview ausgewählt.[285] Es besteht eine Vielzahl von Interviewarten, darunter das Experteninterview, bei dem

---

280 Vgl. *Gläser, J., Laudel, G.,* Instrument, 2010, S. 199f.

281 Vgl. Flick, U., Kardorff, E., Steinke, I., Handbuch, 2017, S. 319.

282 Vgl. *Brüsemeister, T.,* Qualitative Forschung, 2008, S. 9.

283 Vgl. Koch, J., Gebhardt, P., Riedmüller, F., Marktforschung, 2016, S. 40.

284 Vgl. *Helfferich, C.,* Qualität, 2011, S. 21f.

285 Vgl. *Bortz, J., Döring, N.,* Forschungsmethoden, 2013, S. 281f.

es sich weniger um ein Interview als vielmehr um ein Fachgespräch mithilfe eines Experten handelt.[286] In Kapitel 3.2 wird die Auswahl der Experten näher erläutert. Das Interview wird für diese Ausarbeitung in Form eines teilstandardisierten Leitfadeninterviews ausgeführt.[287] Mithilfe des entwickelten Leitfadens werden die Experten zum ausgewählten Thema befragt. Die Leitfragen des Leitfadens werden in Kapitel 3.4 erläutert.

Es gibt drei verschiedene Formen eines Leitfadeninterviews: Das vollstandardisierte Interview (jede Frage und jeder Wortlaut ist genau festgelegt), das teilstandardisierte Interview (Wortlaut der Fragen und Reihenfolge sind vorgegeben, Improvisationen sind möglich) und das nichtstandardisierte Interview (nur das Thema ist vorgegeben).[288]

Gegen ein vollstandardisiertes Interview mit starken Strukturen spricht die geringe Offenheit. Durch diese starren Strukturen wird die Vielfalt möglicher Informationen eingeschränkt.[289]

Mithilfe des teilstandardisierten Leitfadens bzw. des Interviews werden themenspezifische Informationen von den Experten erfragt.[290] Dieses Erhebungsinstrument wurde genutzt, weil eine offene und explorative Gesprächssituation ermöglicht wird, um neues Wissen zu erlangen, das zu der Beantwortung der Forschungsfrage beiträgt. Die Erfahrung der Experten können Mehrwerte und Möglichkeiten bei der Einführung eines Social Intranets identifizieren. Es handelt sich bei dem Leitfaden um vorgegebene Fragen und Wortlaute, die aber während des Interviews abweichen können und Improvisationen erlauben.[291] Dieser vorbereitete Leitfaden gibt den Ablauf des Experteninterviews vor. Es werden keine strickt vorformulierten Fragen abgearbeitet, sondern die vorab festgelegten Fragen und Stichwörter unterstützen den Interviewer während der Interviewführung. Bei teilstandardisierten Interviews sind Flexibilität und Offenheit zentral. In diesem Zusammenhang bietet die Offenheit den Interviewpartnern die Möglichkeit, sagen zu können, was sie möchten und dadurch exklusives Wissen und Ergebnisse zu erlangen.[292]

Eine teilweise Strukturierung anhand eines Interviewleitfadens ist sinnvoll, denn durch eine vollkommene Offenheit lassen sich Ergebnisse mehrerer Interviews schwieriger auswerten. Dadurch sind die Aussagen der Experteninterviews vergleichbar.[293]

286 Vgl. *Kruse, J., Schmieder, C.,* Interviewforschung, 2015, S. 166.
287 Vgl. *Kaiser, R.,* Experteninterviews, 2014, S. 33.
288 Vgl. *Gläser, J., Laudel, G.,* Instrument, 2010, S. 41.
289 Vgl. *Bauer, N., Blasius, J.,* empirische Sozialforschung, 2019, S. 566.
290 Vgl. *Kaiser, R.,* Experteninterviews, 2014, S. 33.
291 Vgl. *Gläser, J., Laudel, G.,* Instrument, 2010, S. 41.
292 Vgl. *Bauer, N., Blasius, J.,* empirische Sozialforschung, 2019, S. 560ff.
293 Vgl. *Kaiser, R.,* Experteninterviews, 2014, S. 3.

3.2 Auswahl der Experten

Bei der ausgewählten Forschungsmethode handelt es sich um ein Experteninterview.[294] Für den Begriff des Experten bestehen unterschiedliche Definitionen. Dieser Begriff ist daher flexibel und wird unterschiedlich ausgelegt.[295]

Für diese Ausarbeitung wird folgende Definition verwendet: Experten sind Personen, die über besonderes Wissen zum ausgewählten Thema verfügen und Quelle von Spezialwissen und Informationen sind.[296] Der vorhandene Wissensvorsprung durch die Experten wird durch die offene Befragung in Form eines Interviews genutzt. Der Unterschied zwischen einem Experten und einem Laien besteht im vorhandenen Sonderwissen.[297]

Für die zu führenden Experteninterviews ist es von besonderer Bedeutung, die richtige Auswahl der Befragungspersonen zu treffen. Die Auswahl der Interviewpartner hat einen Einfluss auf die Güte der Ausarbeitung.[298] Die Kriterien zur Auswahl der Experten orientieren sich an der Ausarbeitung von Gorden. Dabei wurden vor der Auswahl der Experten verschiedene Fragen gestellt: [299]

1. Welcher Experte besitzt Informationen zu dem vorhandenen Thema?
2. Welcher Experte stellt die Informationen in geeigneter Form zur Verfügung?
3. Welcher Experte erklärt sich bereit, die notwendigen Informationen preiszugeben?

Um diese Fragen beantworten zu können, muss im Vorhinein eine intensive theoretische Ausarbeitung des Themas erfolgen. Anschließend kann eine Auswahl geeigneter Experten getroffen werden.[300] Um die geeigneten Personen zu finden, erfolgte eine ausgiebige Recherche im Internet und Bekanntenkreis. Nach dieser Recherche wurden potenzielle Interviewpartner kontaktiert und Gespräche geführt.[301]

Da es sich bei dem Thema dieser Arbeit um die Ausarbeitung von Mehrwerten und Möglichkeiten bei der Einführung eines Social Intranets für Unternehmen handelt, ist es

---

294 Vgl. *Bogner, A., Littig, B., Menz, W.,* Das Experteninterview, 2013, S. 8.
295 Vgl. *Helfferich, C.,* Qualität, 2011, S. 163.
296 Vgl. *Gläser, J., Laudel, G.,* Instrument, 2010, S. 11f.
297 Vgl. *Bogner, A., Littig, B., Menz, W.,* Das Experteninterview, 2013, S. 38.
298 Vgl. *Kaiser, R.,* Experteninterviews, 2014, S. 71.
299 Vgl. *Gorden, R., L.,* Interviewing, 1975, S. 196-197.
300 Vgl. *Kaiser, R.,* Experteninterviews, 2014, S. 72.
301 Vgl. *Gorden, R., L.,* Interviewing, 1975, S. 196-197.

notwendig, keine bestimmte Branche oder einen speziellen Personenkreis zu befragen, um die Ergebnisse nicht zu beeinflussen. Tabelle 1 zeigt die ausgewählten Interviewpartner:

Interview Nr.	**Berufliche Position**	**Branche**	**Bundesland**	**Weiblich (W) Männlich (M)**
1[302]	Consultant for Digital Workplace & Collaboration	Internet- und Informationstechnologie	Niedersachsen	W
2[303]	Scrum Master – Teamkoordinator	Internet- und Informationstechnologie	Niedersachsen	M
3[304]	Global Portal Manager Social Intranet	Versicherungswesen, Finanzdienstleister	Bayern	M
4[305]	Head of Communications	IT-Dienstleister	Bayern	M
5[306]	Collaboration Expert, IT	Spezialtiefbau	Hessen	M

302 Siehe dazu *Interviewpartner 1,* Social Intranet, 2019, Anhang Nr. 2.
303 Siehe dazu *Interviewpartner 2,* Social Intranet, 2019, Anhang Nr. 3.
304 Siehe dazu *Interviewpartner 3,* Social Intranet, 2019, Anhang Nr. 4.
305 Siehe dazu *Interviewpartner 4,* Social Intranet, 2019, im Anhang Nr. 5.
306 Siehe dazu *Interviewpartner 5,* Social Intranet, 2019, im Anhang Nr. 6.

5[307]	Applications, IT	Spezialtiefbau	Hessen	M
6[308]	Project Manager	Internet- und Informationstechnologie	Bayern	W

Tabelle 2 Interviewpartner

In der Literatur werden Experten oft anhand ihrer Berufserfahrung definiert.[309] In dieser Ausarbeitung spielt die Berufserfahrung eine untergeordnete Rolle. Alle Interviewpartner konnten bisher unterschiedliche berufliche Erfahrungen zu dem Thema Social Intranet sammeln. Durch die Unterschiede der beruflichen Position, der Erfahrungen, der Branche, des Standorts und des Geschlechts werden vielseitige und unterschiedlichste Informationen für die Beantwortung der Forschungsfrage gesammelt und es wird eine subjektive Betrachtung ausgeschlossen.[310] Durch dieses Vorgehen wird auf einen weitgreifenden Erfahrungsschatz und ein breites Meinungsbild zurückgegriffen. Es wurden so lange Interviews geführt, bis keine neuen Erkenntnisse mehr hinzugekommen sind. So entstand die Anzahl der Interviews.

3.3 Leitfragen und Interviewverlauf

Für alle Interviews wurde der gleiche Leitfaden verwendet, damit die Interviews vergleichbar und besser auswertbar sind. Die tatsächlichen Fragen während der Interviews können allerdings voneinander abweichen, da durch den teilstandardisierten Leitfaden flexible und spontane Fragen gestellt werden können.[311] Die Interaktion zwischen dem Befragten und dem Interviewer ermöglicht einen Spielraum für Fragen, die relevante Informationen außerhalb des Leitfadens liefern.[312]

Nr.	Leitfragen	Stichpunkte

307 Siehe dazu *Interviewpartner 5,* Social Intranet, 2019, im Anhang Nr. 6.
308 Siehe dazu Interviewpartner 6, Social Intranet, 2019, im Anhang Nr. 7.
309 Vgl. *Döring, N., Bortz, J.,* Forschungsmethoden, 2015, S. 376.
310 Vgl. *Mayring, P.,* Sozialforschung, 2016, S. 89.
311 Vgl. *Bauer, N., Blasius, J.,* empirische Sozialforschung, 2019, S. 560ff.
312 Vgl. *Hopf, C.,* Pseudo-Exploration, 1978, S. 111.

	Kurze Vorstellung – Worin besteht Ihre tägliche Arbeit?	• Name • Tätigkeit
1	Was verstehen Sie unter einem Social Intranet?	• soziale Plattform • Zusammenarbeit
2	Wie unterscheidet sich das Social Intranet von dem klassischen Intranet?	• statisch • dynamisch
3	Warum wurde das Social Intranet in Ihrem Unternehmen eingeführt?	• globales Unternehmen • Kommunikation
4	Wie wird das Social Intranet von den Mitarbeitern Ihres Unternehmens genutzt?	• Austausch • Informationen
5	Welchen Mehrwert bzw. welche großen Möglichkeiten bietet das Social Intranet Ihrem Unternehmen?	• Interaktion • Kollaboration • Transparenz
6	Wird das Social Intranet von einer Person oder einem Team moderiert und weiterentwickelt?	• Team • Moderator
7	Welche Anwendungsmöglichketen würden Sie sich noch wünschen bzw. fehlen?	• weitere Tools • E-Mail
8	Worin sehen Sie das größte Risiko bzw. die größten Gefahren in der Nutzung des Social Intranets?	• Produktionsverlust • Ablenkung

9	Gibt es etwas, was bisher nicht zur Sprache gekommen ist, was Ihnen aber wichtig ist?	• Datenschutz?

Tabelle 3 Leitfaden

Die Tabelle 4 zeigt den erstellten Interviewleitfaden. Spalte eins der Tabelle zeigt die Leitfragen und Spalte zwei die Stichwörter, die innerhalb des Interviews durch die Leitfragen erfragt werden.

Der Gesprächsleitfaden wurde anhand der SPSS-Methode nach Helfferich entwickelt. Diese Methode ermöglicht eine größtmögliche Offenheit und eine Vergegenwärtigung des vorab ausgearbeiteten theoretischen Wissens. SPSS ist die Abkürzung für Sammeln, Prüfen, Sortieren und Subsumieren. Um den Leitfaden zu entwickeln, wurden anhand eines Brainstormings mögliche Fragen für die Experteninterviews gesammelt. Anschließend wurden diese Fragen auf ihre Geeignetheit geprüft und sortiert. Diese wurden anschließend an die geeignete Stelle des Leitfadens sortiert.[313] Anhand dieses Vorgehens wird das bereits gesammelte theoretische Wissen genutzt, um neues Wissen zu erlangen. Es ist nicht das Ziel zu bestätigen, was bereits in der Literatur steht. Die Leitfragen wurden so ausgewählt, dass die Forschungsfrage beantwortet wird und Mehrwerte und Möglichkeiten identifiziert werden können.

Nach Erstellung des Leitfadens wurden Räumlichkeiten für das Interview bestimmt und zeitlich festgelegt. Ein Teil der Interviews fand persönlich statt, einige wurden aufgrund der Entfernung telefonisch geführt. Eine gute Gesprächsatmosphäre kann hilfreich sein, weitreichende Informationen von den Experten zu erhalten. Durch z. B. einen standardisierten Fragebogen kann kein zusätzliches Wissen gewonnen werden. Vorab wurden die Erwartungen an die Interviewpartner definiert, über den Ablauf des Interviews informiert und die Hintergründe der Interviewführung erläutert. Außerdem wurden die Gesprächspartner über das laufende Aufnahmegerät, die spätere Auswertung und den Datenschutz aufgeklärt.[314] Das Briefing vor dem Interview ist unerlässlich, um den Gesprächspartner über die Einzelheiten des Interviews zu informieren und offene Fragen zu klären.[315]

In einem Pretest wird der entwickelte Leitfaden getestet. Dabei wird erprobt, ob der visierte Zeitrahmen und die Antworten der Fragen den Vorstellungen des Interviewers und dem Forschungsgegenstand entsprechen. Anschließend werden die Interviews

313 Vgl. *Helfferich, C.*, Qualität, 2011, S. 181ff.

314 Vgl. Flick, U., Kardorff, E., Steinke, I., Handbuch, 2017, S. 360ff.

315 Vgl. *ebd.* S. 367.

durchgeführt und protokolliert, damit auch im Anschluss an das Interview Besonderheiten präsent sind.[316] Der Pretest ergab, dass eine Frage (Frage 8) des Leitfadens umgeschrieben werden musste, damit diese verständlicher für den Interviewten ist. Nach der Korrektur des Pretests wurde die Leitfragen für die Experteninterviews verwendet.

Zu Beginn des Interviews wird eine Einstiegsfrage gestellt, damit sich der Gesprächspartner an die Art der Fragen gewöhnen kann und ein leichter Einstieg in das Interview erfolgt. Anschließend folgen Leitfragen, die essenziell für die Beantwortung der Forschungsfrage sind. Eine Besonderheit des teilstandardisierten Leitfadeninterviews sind die Ad-hoc-Fragen, die spontane Fragen außerhalb des Leitfadens zulassen.[317] Um die Definition der Begriffe Social Intranet und Intranet mit der theoretischen Ausarbeitung zu vergleichen, werden die Interviewpartner nach ihrer Vorstellung gebeten, diese nach ihrer eigenen Vorstellung zu erläutern. Im Anschluss werden Mehrwerte, Möglichkeiten, Risiken, Gefahren, die Notwendigkeit von Moderatoren und weitere Anwendungsmöglichkeiten abgefragt. Zum Schluss kann der Experte weitere Anmerkungen platzieren.

Nach den geführten Experteninterviews werden diese in Form einer Transkription verschriftlicht.[318] Durch diese schriftliche Erfassung gehen keine relevanten Informationen verloren und Daten werden nicht reduziert.[319] Das Transkript gilt als Basis für die spätere ausführliche Interpretation.

Um aus den Transkripten gewünschte Informationen herauszufiltern, wird die wörtliche Transkription mit Übertragung in ein normales Schriftdeutsch verwendet. Dabei werden Dialekte, Satzbaufehler und der Stil angepasst. Da es sich bei den Interviewpartnern um verschiedene Altersgruppen, Berufe und Branchen an unterschiedlichen Standorten handelt, ist eine Vereinheitlichung der Interviews für das Verständnis notwendig. Dadurch können zum Beispiel sprachliche Unterschiede wie Dialekte zwischen Hannover (Norddeutschland) und München (Süddeutschland) ausgeglichen werden. Bei der Transkription und späteren Interpretation steht der Inhalt im Vordergrund.[320] Die Transkriptionsregeln können Anhang 1 entnommen werden.

Die Transkription wird durch eine kommentierende Transkription nach Kallmeyer und Schütz erweitert. Ziel dieser kommentierenden Transkription ist es, zusätzliche Informationen zu erhalten wie Betonung, Pausen und andere Besonderheiten. Für ein besseres Verständnis und Übersichtlichkeit werden ausgewählte Kommentare verwendet, die für diese Ausarbeitung von Bedeutung sind. Ein ausführliches Wortprotokoll nach

316 Vgl. *Kaiser, R.,* Experteninterviews, 2014, S. 12.
317 Vgl. *Mayring, P.,* Sozialforschung, 2016, S. 69f.
318 Vgl. *Mayring, P.,* Sozialforschung, 2016, S. 89.
319 Vgl. Flick, U., Kardorff, E., Steinke, I., Handbuch, 2017, S. 438ff.
320 Vgl. *Mayring, P.,* Sozialforschung, 2016, S. 89.

Kallmeyer und Schütz mit Kennzeichnung von Sonderzeichen, Auffälligkeiten der Sprache, Betonungen etc. entfällt zugunsten der Lesbarkeit.[321]

321 Vgl. *ebd* S. 92ff.

3.4 Qualitative Inhaltsanalyse nach Mayring

Die transkribierten Interviews werden als Basis für die Auswertung genutzt. Durch die Inhaltsanalyse werden aus den Experteninterviews Daten aufbereitet und anschließend ausgewertet.322 Ziel der Inhaltsanalyse ist es, Kommunikation zu analysieren und dabei systematisch, regel- und theoriegeleitet vorzugehen.323

In der Literatur sind verschiedene Techniken der qualitativen Inhaltsanalyse beschrieben. Für diese Ausarbeitung wird die zusammenfassende Inhaltsanalyse bzw. die induktive und deduktive Kategorienbildung nach Mayring genutzt.324

Um die Experteninterviews auswerten zu können, müssen Kategorien gebildet werden. Dafür werden Analyseeinheiten bestimmt. Zu den Analyseeinheiten nach Mayring zählen die Kodier-, die Kontext- und die Auswertungseinheit.[325] Diese Einheiten sollen verdeutlichen, welcher minimale bzw. maximale Textteil ausgewertet und welche Textteile nacheinander auszuwerten sind.[326] Dafür wurden die Textteile in eine Excel-Tabelle sortiert, siehe Anhang 8.

Im zweiten Schritt werden die ausgewählten Textteile paraphrasiert. Das bedeutet, dass die Textteile in eine verständliche und gekürzte Form umgeschrieben werden. Ziel dabei ist, eine einheitliche Sprache zu entwickeln und unbedeutende Füllwörter und Textteile zu streichen.[327] Durch die unterschiedlichen Interviewpartner bestehen Dialekte und Akzente, die durch Schritt zwei entfernt werden.

Im dritten Schritt werden die bereits reduzierten Textstellen weiter komprimiert. Ziel dieses Schrittes ist die Generalisierung der Paraphrasen. Durch diese Generalisierung lassen sich einzelne Textteile besser vergleichen.[328]

Durch Schritt drei entstehen inhaltlich überschneidende Paraphrasen, die in Schritt vier gestrichen werden. [329] Die Excel-Tabelle in Anhang 8 ermöglicht eine Übersicht, wodurch Überschneidungen identifiziert und entfernt werden können.

Im fünften Schritt werden gleiche oder ähnliche Paraphrasen zusammengefasst. Dies betrifft Aussagen mit gleicher Aussagekraft oder inhaltlichen Überschneidungen. Nach

---

322 Vgl. *Mayring, P.,* Inhaltsanalyse, 2015, S. 49.
323 Vgl. *ebd* S. 13.
324 Vgl. *ebd* S. 51f.
325 Vgl. *Mayring, P.,* Inhaltsanalyse, 2015, S. 71.
326 Vgl. *Mayring, P.,* Inhaltsanalyse, 2015, S. 61.
327 Vgl. *Hugl, U.,* Mind-Mapping, 2013, S. 110.
328 Vgl. *Mayring, P.,* Inhaltsanalyse, 2015, S. 71.
329 Vgl. *Hugl, U.,* Mind-Mapping, 2013, S. 112.

der Zusammenfassung werden diese Paraphrasen durch neue Aussagen wiedergegeben.[330] Dieser Schritt wurde ebenfalls mithilfe der Excel-Tabelle in Anhang 8 durchgeführt.[331] Die neuen Aussagen ermöglichen die spezifischen Aussagen einzelner Experteninterviews zu vergleichen und zu generalisieren.

Im Zentrum der qualitativen Inhaltsanalyse steht die Entwicklung eines Kategoriensystems, um ein Ordnungsschema für die in den Texten enthaltenen Informationen zu erhalten.[332]

Im sechsten Schritt werden die entwickelten Aussagen geprüft und auf Repräsentativität kontrolliert. Nach Überprüfung der Aussagen entsteht ein fundiertes Kategoriensystem.

Im letzten und siebten Schritt erfolgt eine Rücküberprüfung der Kategorien. Diese erfolgt so lange, bis die gewünschte Reduzierung des Materials erzielt wurde.[333] Diese erfolgt anhand des erarbeiteten Wissens aus der Szenario-Analyse und der erarbeiteten Theorie.

Ziel des Kategoriensystems ist es, einen Überblick der Aussagen aus den Experteninterviews zu erhalten und diese anschließend zu interpretieren. Für die Interpretation der Ergebnisse wurden drei sowohl induktive als auch deduktive Kategorien ausgewählt:

330 Vgl. *Mayring, P.,* Inhaltsanalyse, 2015, S. 71.
331 Auch diese Tabelle ist beim Verlag auf Anfrage erhältlich.
332 Vgl. *Gläser, J., Laudel, G.,* Instrument, 2010, S. 47.
333 Vgl. *Mayring, P.,* Inhaltsanalyse, 2015, S. 71.

Nr.	Kategorie	Definition
1	Notwendigkeit	Diese Kategorie beschreibt, welche Notwendigkeit für Unternehmen besteht, ein Social Intranet einzuführen.
2	Potenziale	Diese Kategorie beschreibt, welche Potenziale für das Unternehmen durch die Einführung eines Social Intranets entstehen.
3	Barrieren	Diese Kategorie beschreibt, welche Barrieren Unternehmen bei der Einführung eines Social Intranets überwinden müssen.

Tabelle 4 Kategorien nach Mayring

Die Auswahl der Kategorien kann durch die deduktive und induktive Kategorienbildung erfolgen.[334] Bei der deduktiven Kategorienbildung werden die Kategorien bereits vor der Analyse der Experteninterviews gebildet und entstehen damit aus den entwickelten Szenarien. Bei dem induktiven Vorgehen werden die Kategorien direkt aus dem vorhandenen Material entnommen. In diesem Fall werden die transkribierten Interviews als Informationsquelle genutzt.[335]

Diese Ausarbeitung kombiniert beide Arten der Kategorienbildung. Die Kategorien aus Tabelle 5 sind sowohl deduktiv als auch induktiv. Die Kategorien wurden aus den Szenarien und den Experteninterviews zusammengetragen. Dieses Vorgehen ermöglicht die Nutzung aller zur Verfügung stehenden Informationen. Die qualitative Inhaltsanalyse verbindet somit die Szenarien mit den Expertengesprächen.[336]

334 Vgl. *Mayring, P.,* Inhaltsanalyse, 2015, S. 85.

335 Vgl. Mayring, P., Gläser-Zikuda, M., Praxis, 2008, S. 125f.

336 Vgl. *Mayring, P.,* Inhaltsanalyse, 2015, S. 85.

3.5 Wissenschaftliche Gütekriterien dieser Arbeit

Die Güterkriterien ermöglichen die Wissenschaftlichkeit und die Güte zu überprüfen.[337]

Die klassischen Güterkriterien sind Objektivität, Validität und Reliabilität. Bei der Objektivität entsteht das Forschungsergebnis unabhängig von äußeren Einflüssen. Die Reliabilität überprüft, ob die Messinstrumente zuverlässig sind. Ob das ausgewählte Messinstrument für den Forschungsgegenstand geeignet ist, untersucht die Validität. Alle drei Gütekriterien sind voneinander abhängig. Allerdings lassen sich die klassischen wissenschaftlichen Gütekriterien nicht auf die qualitative Forschung übertragen und sind daher nur für die quantitative Forschung verwendbar.[338] Steinke kritisierte die Vereinheitlichung für jegliche Forschung.[339] Aus diesem Grund wurden die klassischen Gütekriterien von Steinke weiterentwickelt. Daraus ist eine Überschneidung der qualitativen und quantitativen Gütekriterien entstanden.[340]

Nach Mayring wurden die Gütekriterien weiter operationalisiert und sechs verschiedene Gütekriterien der qualitativen Forschung abgeleitet und im Folgenden näher beschrieben:[341]

1. Verfahrensdokumentation
2. Interpretationsabsicherung
3. Regelgeleitetheit
4. Nähe zum Gegenstand
5. Kommunikative Validierung
6. Triangulation

Die Verfahrensdokumentation dokumentiert das angewandte Verfahren und verwendete Messinstrumente, die bis ins Detail beschrieben werden. Für die Nachvollziehbarkeit ist es unabdingbar, die Entwicklung des Erhebungsverfahrens, das Vorverständnis des Forschers, die Durchführung, die Auswertung etc. festzuhalten.[342] Für diese Ausarbeitung wird die Wissenschaftlichkeit der Verfahrensdokumentation durch eine präzise und ausführliche Beschreibung des Vorgehens gewährleistet.

---

337 Vgl. Flick, U., Kardorff, E., Steinke, I., Handbuch, 2017, S. 319.
338 Vgl. *Mayring, P.,* Sozialforschung, 2016, S. 141.
339 Vgl. *Steinke, I.,* Kriterien, 1999, S. 45.
340 Vgl. *Buber, R., Holzmüller, H.,* Marktforschung, 2007, S. 226.
341 Vgl. *Mayring, P.,* Sozialforschung, 2016, S. 144ff.
342 Vgl. *Mayring, P.,* Sozialforschung, 2016, S. 145.

Ergebnisse der qualitativen Forschung werden durch die Interpretation des Forschers erzielt. Ein Nachteil von Interpretationen ist es, dass diese nicht verifiziert werden können. Um die Qualität der Interpretationen und damit der Ergebnisse zu sichern, werden die Interpretationen durch Argumente gestützt. Dieses Gütekriterium wird Interpretationsabsicherung genannt.[343] Um eine subjektive Interpretation des vorhandenen Materials auszuschließen, werden verschiedene Methoden wie die zusammenfassende Inhaltsanalyse nach Mayring und eine Transkription verwendet. Diese erlauben eine hohe Transparenz und Triangulation. Damit sind die Interpretationen nachvollziehbar.

Damit das methodische Vorgehen systematisch und nachvollziehbar ist, müssen Verfahrensregeln und damit das Gütekriterium der Regelgeleitetheit eingehalten werden, ohne die Offenheit des Forschungsprozesses einzuschränken. Der Forschungsprozess muss daher nachvollziehbar und in Einzelschritten erklärt werden.[344] Bei dieser Ausarbeitung wird die Wissenschaftlichkeit durch einen strikten Ablauf der qualitativen Inhaltsanalyse nach Mayring gewährleistet.

Die Forschung der qualitativen Methoden wird sowohl im ‚Labor' als auch im ‚Feld' durchgeführt. Dabei wird zwischen der Datenerhebung und -auswertung unterschieden. Die Datenerhebung findet bei den Mitwirkenden vor Ort bzw. im ‚Feld' statt. Die mitwirkenden Personen werden in ihrer Alltagsumgebung befragt, was zu einer Nähe zum Gegenstand führt. Die Datenauswertung hingegen erfolgt im ‚Labor' ohne Beteiligung der teilnehmenden Personen. [345]

Bei der kommunikativen Validierung wird die Gültigkeit der Interpretationen der Ergebnisse durch Dritte diskutiert.[346] Die Interpretation der Ergebnisse erfolgt in dieser Forschung ohne Beteiligung dritter Personen. Ausschließlich die Literatur, die Erstellung der Szenarien und die geführten Experteninterviews ermöglichen eine Diskussion der Ergebnisse. Eine direkte Diskussion durch Dritte erfolgt daher nicht. Dies kann eine Limitation der Arbeit und damit eine Begrenzung der Qualität bedeuten.

Bei der Methodentriangulation werden unterschiedliche Methoden, Theorien und Autoren verwendet und kombiniert, um zu einer oder mehrerer unterschiedlichen Lösungen zu kommen. Durch unterschiedliche Lösungswege und durch den Vergleich der Ergebnisse wird eine bessere Qualität der Forschung ermöglicht.[347] Bei dieser Ausarbeitung werden verschiedene Methoden wie die Szenario-Technik und die Inhaltsanalyse nach

---

343 Vgl. https://onlinekurslabor.phil.uni-augsburg.de/course/text/3618/3476.html, Zugriff 30.10.2019.

344 Vgl. Reinders, H., Ditton, H., Gläsel, C., Gniewosz, B., Bildungsforschung, 2015, S. 126.

345 Vgl. https://onlinekurslabor.phil.uni-augsburg.de/course/text/3618/3479.html, Zugriff 30.10.2019.

346 Vgl. Reinders, H., Ditton, H., Gläsel, C., Gniewosz, B., Bildungsforschung, 2015, S. 127.

347 Vgl. *Mayring, P.,* Sozialforschung, 2016, S. 147.

Mayring verwendet. Die Nutzung dieser unterschiedlichen Methoden ermöglicht die Absicherung der Interpretationen. Die Ergebnisse der angewandten Methoden werden in Kapitel 4.4 verglichen und ermöglichen nicht nur eine Methodentriangulation, sondern auch eine Interpretationsabsicherung.

Die Untersuchung wird durch die Anwendung und Überprüfung der Gütekriterien in Kapitel 6 zum Abschluss gebracht.

4 Szenarien bei Einführung eines Social Intranets

Bei der Szenario-Technik liegt das Hauptaugenmerk darauf, mögliche zukünftige Entwicklungspfade zu erkennen und daraus Rückschlüsse zu ziehen.[348] Die Szenario-Technik ist eine aufwendige Möglichkeit, unterschiedliche zukünftige Situationen zu beschreiben.[349]

Der nachfolgende Abschnitt beginnt mit der Bestimmung der Szenario-Technik und einigen Hintergrundinformationen zum Thema. Anschließend wird eine Ausgangssituation beschrieben, woraus ein Worst-Case- und ein Best-Case-Szenario entwickelt wird. Bevor die Szenarien beschrieben werden, werden Einflussfaktoren ermittelt. Die Szenario-Analyse erfolgt vor den Experteninterviews, um mit dem recherchierten Wissen das Interview möglichst auf Augenhöhe führen zu können. Das ist unerlässlich, um während des Interviews Nachfragen stellen zu können. Anschließend werden die Aussagen der Experten mit den erstellten Szenarien verglichen. Die Verbindung der Szenarien und der qualitativen Inhaltsanalyse nach Mayring entsteht durch die in Kapitel 3.3 beschriebene Kategorienbildung.[350] Die Szenario-Analyse erfolgt vor den Experteninterviews, um das gewonnene Wissen für die Interviews nutzen zu können.

4.1 Bestimmung der Szenario-Technik

Die Szenario-Technik ist ein strategisches Planungsinstrument, mit dem zukunftsorientierte Entscheidungen ermittelt werden können. Ziel ist es, Entscheidungsträgern zukünftige Entwicklungen vor Augen zu führen. Diese Vorgehensweise kann für Unternehmen eine hilfreiche Unterstützung bei der Entscheidung sein, ein Social Intranet

348 Vgl. *Wilms, F., E. P.*, Umgang, 2006, S. 68.
349 Vgl. https://www.business-wissen.de/hb/grundlagen-der-szenario-technik/.html, 20.10.2019.
350 Vgl. *Mayring, P.*, Inhaltsanalyse, 2015, S. 85.

einzuführen.[351] Dabei ist es nicht entscheidend endgültige Voraussagen zu treffen, sondern verschiedene mögliche Zukunftsbilder aufzuzeigen. Die Szenario-Analyse ist mittlerweile ein Standardinstrument der strategischen Unternehmensplanung. Sinnvoll ist diese Technik für komplexe Themenstellungen, um eine realistische Entwicklungsmöglichkeit abzuleiten. Die Szenario-Technik hat sich zum Sammelbegriff verschiedener Methoden entwickelt.[352]

Eine konkrete Anwendungsweise ist der Szenario-Trichter, durch den sich das weitere Vorgehen der Szenario-Entwicklung bestmöglich veranschaulichen lässt.[353] Der Zukunftstrichter (siehe Abbildung 6[354]) gilt als zentrales Denkmodell der Szenario-Technik).[355]

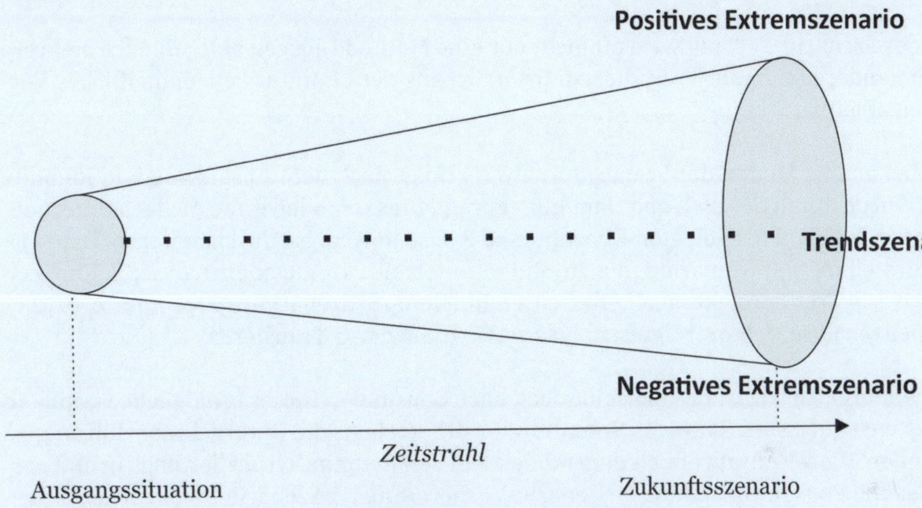

Abbildung 6: Szenario-Trichter

Die Abbildung des Szenario-Trichters zeigt am engsten Punkt auf der linken Seite die Ausgangssituation bzw. die Gegenwart. Der Trichter symbolisiert den Zeithorizont. Die Öffnung des Trichters steht für einen Zeitpunkt in der Zukunft. An den Rändern der Öffnung befindet sich das positive Extremszenario (Best-Case-Szenario) und das negative

351 Vgl. *Corsten, H.*, Unternehmensgründung, 2002, S. 73.
352 Vgl. *Minx, E., Roehl, H.*, Werkzeugkiste, 2006, S. 78.
353 Vgl. *Vollmuth, H., J.*, Controlling-Instrument, 2007, S. 438.
354 Eigene Darstellung in Anlehnung an *von Reibnitz, U.*, Erfolgsplanung, 2013, S. 27
355 Vgl. *Corsten, H.*, Unternehmensgründung, 2002, S. 73.

Extremszenario (Worst-Case-Szenario). In der Mitte der Öffnung liegt das Trend-Szenario.[356]

Das Best-Case-Szenario beschreibt das optimistische Extremszenario und damit die günstigste Zukunftsmöglichkeit. Das Worst-Case-Szenario steht für die schlechteste Zukunftsentwicklung und damit für das pessimistische Extremszenario. Das dritte Szenario ist das Trend-Szenario, das die kommende Situation als Hochrechnung der Zukunftsentwicklung erfasst.[357] Die Szenarien liegen an festgelegten Punkten in der Zukunft. Der Weg dorthin wird Entwicklungspfad genannt.[358] Die größtmögliche Wirkung hat die Erstellung weniger und unterschiedlicher Szenarien, damit unterschiedlichste Einflüsse bei der strategischen Planung von Unternehmen bedacht werden können.[359]

Bei der Szenario-Technik wird oft nicht nur eine Methode ausgewählt, sondern mehrere miteinander kombiniert. Aus diesem Grund ist aus der Literatur kein einheitliches Vorgehen ableitbar.[360]

Ein bekanntes Modell der Szenario-Analyse erfolgt nach dem Ansatz von von Reibnitz und wurde durch Geschka und Hammer geprägt. Dieses Modell ermöglicht es Unternehmen, nach einem festgelegten Konzept eine Szenario-Analyse durchzuführen. Dabei ist die Erstellung der Szenarien in acht Stufen unterteilt: 1. Aufgabenanalyse, 2. Einflussanalyse, 3. Trendprojektion, 4. Alternativbündelung, 5. Szenario-Interpretation, 6. Konsequenzanalyse, 7. Störereignisanalyse sowie 8. Szenario-Transfer.[361]

Ein weiterer Ansatz ist das Phasenmodell nach Gausmeier. Dieses ermöglicht es, anhand eines weit gefassten Rahmens Szenarien für die strategische Unternehmensführung zu erstellen. Dieser Ansatz ähnelt dem Modell von von Reibnitz, wird allerdings in fünf verschiedene Phasen gegliedert: 1. Szenario-Vorbereitung, 2. Szenario-Feldanalyse, 3. Szenario-Prognostik, 4. Szenario-Bildung und 5. Szenario-Transfer.[362]

Wie bereits erwähnt ist die Ausarbeitung einer Szenario-Analyse mit einem hohen Ressourcenbedarf verbunden.[363] Eine detaillierte Ausarbeitung nach von Reibnitz, Geschka und Hammer oder Gausmeier würde aus diesem Grund den Umfang dieser Studie übersteigen und müsste separat erfolgen. Aus diesem Grund wird auf eine Darstellung von

---

356 Vgl. http://www.bpb.de/lernen/formate/methoden/62269/*methodenkoffer-detailansicht?mid=275.html*, Zugriff am 20.10.2019.

357 Vgl. *Großklaus, R., Produkte*, 2008, S. 137.

358 Vgl. Schaal, U., Contentrechte, 2010, S. 162.

359 Vgl. *Meyer-Schönherr, M.*, Technik, 1992, S. 63.

360 Vgl. *Mietzner, D.*, Vorausschau, 2010, S. 46.

361 Vgl. *Sprey, M.*, Zukunftsorientiert, 2003, S. 83f.

362 Vgl. *Sprey, M.*, Zukunftsorientiert, 2003, S. 90.

363 Vgl. *Mietzner, D.*, Vorausschau, 2010, S. 283.

Störereignissen verzichtet. Die Studie nach Gausmeier gibt den Rahmen der Szenario-Analyse vor und der Szenario-Trichter die inhaltliche Richtung durch die Ausgangssituation und die Worst-Case- und Best-Case-Szenarien.[364]

Im Folgenden werden das Worst-Case- und das Best-Case-Szenario erläutert. Von der Ausarbeitung des Trend-Szenarien wird abgesehen, um sich auf die beiden Extremszenarien zu konzentrieren und eine deutliche Unterscheidung der beiden für die Unternehmen herauszuarbeiten.[365]

Bei der folgenden Szenario-Analyse handelt es sich um explorative Szenarien, die sich mit der Fragestellung ‚Was wäre wenn?' beschäftigen.[366]

Die Ausarbeitung wird in folgende Punkte unterteilt:

1. Szenario-Vorbereitung:
   - In dieser Phase wird die Ausgangssituation beschrieben. Daraufhin werden die Szenarien ausgearbeitet.
2. Szenario-Analyse:
   - In dieser Phase werden Schlüsselfaktoren festgelegt, die aus den gesammelten Einflussfaktoren resultieren.
3. Szenario-Prognose:
   - In dieser Phase werden die Schlüsselfaktoren näher erläutert.
4. Szenario-Bildung:
   - In dieser Phase werden die Szenarien beschrieben.
5. Szenario-Transfer:
   - In dieser Phase werden Szenarien spezifische Handlungsanweisungen festgelegt.

In der abgewandelten Analyse werden die Punkte zwei bis vier zu einer Phase zusammengefasst und als Szenario-Erstellung bezeichnet. Die Erarbeitung der einzelnen Punkte erfolgt fließend.[367]

364 Vgl. *von Reibnitz, U.*, Erfolgsplanung, 2013, S. 27.
365 Vgl. *von Reibnitz, U.*, Erfolgsplanung, 2013, S. 28.
366 Vgl. *Gausmeier, J., Fink, A., Schlake, O.*, Planen und Führen, 1996, S. 111.
367 Vgl. *Gausmeier, J., Fink, A., Schlake, O.*, Planen und Führen, 1996, S. 100f.

Vor der Erstellung des Worst-Case- und Best-Case-Szenarien werden die Einflussfaktoren anhand eines intuitiven Verfahrens ermittelt, indem durch ein Brainstorming Informationen aus der vorhandenen Literatur gesammelt werden.[368]

Da in der Regel eine Vielzahl von Einflussfaktoren gesammelt werden, konzentriert sich die Ausarbeit auf vier Schlüsselfaktoren. Diese werden genutzt, um die Szenarien beschreiben zu können. Die Schlüsselfaktoren haben Einfluss auf das Unternehmen und bieten ihm eine realistische Entscheidungshilfe. Auf weitere Methoden zur Auswahl von Einfluss- und Schlüsselfaktoren wurde verzichtet.[369] Um ein einheitliches Verständnis zu erhalten, werden die Schlüsselfaktoren anhand einer Kurzbezeichnung erläutert.

Folgende Schlüsselfaktoren wurden ausgewählt:

1. Die Mitarbeiter:

- Bei den Mitarbeitern handelt es sich um Personen, die innerhalb eines Unternehmens beschäftigt sind.[370] Während der Erstellung der Szenarien wird folgende Frage beantwortet: Welchen Einfluss haben die Mitarbeiter auf die Einführung bzw. Nutzung des Social Intranets?

2. Die Führungskräfte:

- Führungskräfte sind Personen, die verschiedene Aufgaben der Personalführung übernehmen und aktiv an der strategischen Unternehmensentwicklung teilnehmen.[371] Während der Erstellung der Szenarien wird folgende Frage ergründet: Welchen Einfluss haben die Führungskräfte auf die Einführung bzw. Nutzung des Social Intranets?

3. Die Gesellschaft:

- Als Gesellschaft wird eine Gesamtheit von Menschen bezeichnet, die unter anderem mit einer gemeinsamen Sprache und gemeinsamen Normen zusammenlebt.[372] Während der Erstellung der Szenarien wird folgender Frage nachgegangen: Welche Rolle spielt die Gesellschaft bei der Entwicklung vom klassischen Intranet zum Social Intranet?

4. Die IT-Sicherheit:

---

368 Vgl. *Chermack, T., J.*, Organizations, 2011, S. 133.

369 Vgl. *Fink, A., Siebe, A.*, Management, 2016, S. 78.

370 Vgl. https://wirtschaftslexikon.gabler.de/definition/arbeitnehmer-29883.html, Zugriff am 23.10.2019.

371 Vgl. https://www.onpulson.de/lexikon/fuehrungskraft/.html, Zugriff am 23.10.2019.

372 Vgl. https://wirtschaftslexikon.gabler.de/definition/gesellschaft-35084.html, Zugriff am 23.10.2019.

- IT-Sicherheit bezieht sich auf jegliche Informationstechniken und Technologien, die geschützt werden sollen.[373] Während der Erstellung der Szenarien wird folgende Frage beantwortet: Welche Rolle spielt die IT-Sicherheit bei der Einführung bzw. Nutzung des Social Intranets?

4.2 Ausgangssituation

Die Ausgangssituation der Szenario-Analyse beschreibt die Einführung eines Social Intranets in Unternehmen.

Die ersten Schlüsselfaktoren werden bereits in der Ausgangssituation deutlich: die Mitarbeiter bzw. hier Konsumenten und die gesellschaftliche Rolle des Internets. Die Rolle des Konsumenten im Internet verändert sich, denn er wird durch Web-2.0-Anwendungen zum Produzenten und stellt eigene Inhalte der Öffentlichkeit zur Verfügung.[374] Das ermöglichen Social-Software-Anwendungen und können unter anderem Inhalte wie Profile, Fotos oder Kommentare sein, die im Internet öffentlich zugänglich gemacht werden. Das erlaubt eine Kommunikation mit anderen Nutzern.[375] Soziale Netzwerke mit neuen Anwendungsmöglichkeiten entstehen. Durch eine große Anzahl an kostenloser Software können eigene Inhalte auf Plattformen wie ‚YouTube' veröffentlicht werden.[376]

Eine unternehmensinterne Anwendung des Internets nennt sich Intranet (siehe Kapitel 2.3 und 2.4). Die stetige Entwicklung des Intranets resultiert unter anderem aus den veränderten Bedürfnissen der Mitarbeiter.[377] Die private Nutzung ähnlicher Technologien ermöglicht es Mitarbeitern, bereitgestellte Arbeitsmedien zu vergleichen. Dies stellt Unternehmen vor große Herausforderungen. Den Mitarbeitern eines Unternehmens werden im Privatleben vielseitige und meist kostenlose Tools im Web zur Verfügung gestellt. Diese bewirken ein Benutzererlebnis, woraus Erwartungen an die berufliche Nutzung bereitgestellter Arbeitsmedien hervorgehen. Informationen im Intranet werden zudem oft mit professionellen Nachrichtenportalen verglichen. Diesen Anforderungen können Unternehmen meist nicht gerecht werden. Zudem sind Anpassungs- und Veränderungsprozesse in Unternehmen meist langwierig, sodass Erwartungen nicht

---

373 Vgl. https://www.gabler-banklexikon.de/definition/it-sicherheit-70719.html, Zugriff am 23.10.2019.

374 Vgl. *Braun, T.,* Geschichte und Entwicklung, 2010, S. 98.

375 Vgl. *Braun, T.,* Geschichte und Entwicklung, 2010, S. 97.

376 Vgl. *Roebers, F., Leisenberg, M.,* Theorie und Praxis, 2010, S. 41.

377 Vgl. Meier, S., Lütolf, D., Schillerwein, S., Herausforderung, 2015, S. 11ff.

erfüllt werden können. Dazu kommt, dass das Intranet im Vergleich zum Internet andere Aufgaben hat.[378]

Aus diesen Gründen werden nachfolgend ein Best-Case-Szenario und ein Worst-Case-Szenario für die Einführung eines Social Intranets beschrieben.

4.3 Best-Case-Szenario

Die Potenziale des Intranets sind groß. Häufig wird es in Unternehmen nur begrenzt für die interne Unternehmenskommunikation eingesetzt, obwohl mit ihm eine breite Masse der Mitarbeiter erreicht werden kann. So wird in vielen Unternehmen das Intranet ausschließlich als Medium z. B. zur Informationsbereitstellung, als Telefonbuch oder für administrative Prozesse genutzt.[379]

Um ein Social Intranet im Unternehmen erfolgreich einzuführen, ist es relevant, die Mitarbeiter und Führungskräfte von Beginn an einzubinden und die ‚Angst' vor Neuerungen zu nehmen. Eine gute Implementierung kann die Akzeptanz der Mitarbeiter gewinnen, damit das Social Intranet aktiv genutzt wird. Das Unternehmen muss somit den Mitarbeitern Unterstützung im Umgang mit dem Social Intranet bieten.[380] Bei der erfolgreichen Implementierung kann die Einführung eines Social Intranets einen Wettbewerbsvorteil bieten.[381] Dementsprechend kann die private Nutzung ähnlicher Technologien ein Vorteil für den Umgang mit einem neu eingeführten Social Intranets im Unternehmen sein. Bereits in der Ausgangssituation wurden die gesellschaftlichen Veränderungen detailliert beschrieben.[382] Neben den Führungskräften ist es wesentlich, von Beginn an weitere Akteure wie z. B. den Betriebsrat oder die Personalabteilung in die Planung und Implementierung des Social Intranets einzuschließen. Diese Zusammenarbeit bei Veränderungsprozessen ist für das Unternehmen bedeutsam.[383]

Eine aktuelle alternative Kommunikationsform als klassisches Tool der internen Unternehmenskommunikation ist die E-Mail. Dabei fungiert die E-Mail als Allzweckwaffe der Kommunikation zwischen Mitarbeitern und wird zum Chatten, für den Dokumentenaustausch, für Firmen-News und zur Versendung von Dokumenten usw. benutzt. Die Generation Facebook zeigt, wie eine andere Art von Kommunikation funktionieren kann. In

---

378 Vgl. Meier, S., Lütolf, D., Schillerwein, S., Herausforderung, 2015, S. 1f.

379 Vgl. Meier, S., Lütolf, D., Schillerwein, S., Herausforderung, 2015, S. 3.

380 Vgl. https://arbeitsplatz40.de/5-tipps-fuer-die-einfuehrung-eines-social-intranets-die-oft-vernachlaessigt-werden/.html, Zugriff 23.10.2019.

381 Vgl. Widuckel, W., de Molina, K., Ringlstetter, M. J., Frey, D., Arbeitskultur, 2015, S. 248.

382 Vgl. Meier, S., Lütolf, D., Schillerwein, S., Herausforderung, 2015, S. 1f.

383 Vgl. Herzog, C. et al., Trends, 2018, S. 8.

Enterprise Social Networks werden Gruppen gegründet, wodurch die Facebook-Kommunikation zum Arbeitsplatz gelangt. In diesen öffentlichen oder privaten Gruppen können mithilfe von integrierten Werkzeugen und Tools gemeinsame Terminplaner bzw. Kalender verwaltet sowie Dateiarchive für die gemeinsame Dokumentenablage oder Aufgaben verteilt werden.[384]

Als Plattform für das gesamte Unternehmen wird das Social Intranet zu einem digitalen Arbeitsplatz. Es entsteht eine neue digitale Kommunikation der Menschen innerhalb eines Unternehmens.[385] In Unternehmen herrschte bisher das klassische Top-down-Prinzip der Kommunikation, das auch als ‚getriebenes Informationsangebot' bezeichnet wird. Durch das Social Intranet wird nun eine neue Art der Kommunikation ermöglicht, das Bottom-up-Prinzip, auch bekannt als ‚getriebenes Kommunikationskonzept'.[386] Das klassische Top-down-Prinzip verteilt Informationen und kommuniziert ausgehend von der Geschäftsführung über verschiedene Ebenen bis zum Mitarbeiter. Das Bottom-up-Prinzip verteilt Informationen hierarchieübergreifend, gleichberechtigt und abteilungsübergreifend. Diese Aufgabe können z. B. Unternehmens-Wikis übernehmen. Diese Kommunikation ermöglicht Transparenz, eine verbesserte Zusammenarbeit über Abteilungs- und Hierarchiegrenzen hinweg und eine einfache Auffindbarkeit von Informationen.[387] Mitarbeiter werden einheitlich informiert, ohne über verschiedene Ebenen Informationen zu verlieren oder bewusst zurückzuhalten. Außerdem können Informationen in Unternehmens-Wikis, im Gegensatz zum klassischen Intranet durch Mitarbeiter erweitert bzw. ergänzt werden.[388]

---

384 Vgl. *Schult, T.,* Workflow, 2014 S.112.

385 Vgl. *Wolf, F.,* Kommunikation, 2011, S. 41.

386 Vgl. https://t3n.de/news/eigentlich-social-intranet-504975/.html, Zugriff am 29.09.2019.

387 Vgl. *Ratajczak, O.,* Praxis-Tipp, 2016, S. 26.

388 Vgl. https://unternehmen.handelsblatt.com/social-intranet.html, Zugriff 13.10.2019.

Durch die Einführung eines Social Intranets verändert sich auch der Führungsstil der Vorgesetzten.[389] Die Mitarbeiter können sich einbringen und ihr eigenes Wissen nachhaltig im Social Intranet hinterlegen. Das kann für Unternehmen von besonderer Bedeutung sein, denn sollten Mitarbeiter das Unternehmen verlassen, geht das vorhandene Wissen durch die Hinterlegung im Social Intranet nicht verloren und kann jederzeit von anderen Mitarbeitern abgerufen werden. Diese kollektive Intelligenz kann ein Wettbewerbsvorteil sein. Relevant dabei ist, dass die Informationen und das Wissen einfach und schnell auffindbar sind.[390]

Durch das Integrieren der Mitarbeiter in die Gestaltung des Intranets und durch die Veränderung des Führungsstils werden die Selbstorganisation, die Innovationsfähigkeit und die Kreativität der Mitarbeiter gefördert. Fachexperten können durch die Erstellung eigener Profile im Social Intranet einfacher identifiziert werden. Führungskräfte müssen auf die veränderte Kommunikation und die Anforderungen an den Arbeitsplatz Rücksicht nehmen und mit Offenheit, Transparenz und Vernetzung über die eigenen Abteilungsgrenzen hinweg führen.[391]

Zwar sind die anfallenden Kosten für ein Social Intranet schwierig zu kalkulieren, allerdings kann durch die Einführung ein Kostenvorteil entstehen. Die Möglichkeit besteht, dass vorhandene Tools abgeschaltet werden können, weil das Social Intranet verschiedene Tools in einem System vereint.[392]

Das Wissensmanagement (Knowledgemanagement) in Unternehmen ist eine von vielen Herausforderungen bei der Gestaltung von modernen Intranets. Die bereits beschriebenen veränderten Ansprüche zeigen, dass sich unter anderem das Wissensmanagement im Unternehmen verändern muss, um Kreativität zu fördern, produktiv innerhalb eines Teams zu arbeiten und sich der Marktgeschwindigkeit anpassen zu können.[393] Mithilfe dieses Wissensmanagements kann vorhandenes Wissen der Mitarbeiter gespeichert werden. Fällt diese Speicherung der Daten weg, kann bei Ausscheiden der Mitarbeiter das Wissen für das Unternehmen verloren gehen.[394] Das Social Intranet kann für das Wissensmanagement genutzt werden und somit die Ressource Wissen nachhaltig zur Verfügung stellen.[395]

Da es sich bei einem Social Intranet um ein dynamisches und offenes Intranet handelt (siehe Definition in Kapitel 2.4), spielt die IT-Sicherheit eine entscheidende Rolle. Das

---

389 Vgl. *Wolf, F.,* Kommunikation, 2011, S. 90

390 Vgl. *Lange, J.,* Datenflut, 2009, S. 30.

391 Vgl. *Wolf, F.,* Kommunikation, 2011, S. 89 f.

392 Vgl. *Wolf, F.,* Kommunikation, 2011, S. 69.

393 Vgl. *Meier, S., Lütolf, D.,* Schillerwein, S., Herausforderung, 2015, S. 7.

394 Vgl. *Langenhan, A.,* Leitfaden, 2012, S. 11.

395 Vgl. Arns, T., Bentele, M., Niemeier, J., Schütt, P., Weber, M., Know-Tech, S 143.

Intranet berechtigt einen ausgewählten Personenkreis, auf Informationen zurückzugreifen. In diesem Fall sind es die Mitarbeiter des Unternehmens.[396] Damit keine fremden Tools für die Kommunikation der Mitarbeiter genutzt werden. Die Kommunikation über ein Social Intranet ist der sicherste Weg der Unternehmenskommunikation. Fremde Tools können hingegen in Sachen IT-Sicherheit bedenklich sein.[397]

4.4 Worst-Case-Szenario

Die gesellschaftliche Entwicklung der Web-2.0-Anwendungen im Kontext des Social Intranets wurden bereits in der Ausgangssituation ausführlich erläutert (siehe Kapitel 3.1). Sowohl im Privatleben als auch im beruflichen Kontext besteht die Möglichkeit, Informationen jederzeit und überall bedarfsgerecht abzurufen.[398] Aus dieser Verfügbarkeit entsteht eine Informationsflut auf verschiedensten Kanälen. Die hohe Anzahl von Kommunikationskanälen in den Unternehmen kann im schlimmsten Fall zum Produktivitätsverlust der Mitarbeiter führen. Die Mitarbeiter können mit der Menge an Informationen überfordert werden und Wesentliches übersehen.[399] Die Informationsaufnahme der Mitarbeiter hat sich verändert, denn Informationen müssen innerhalb des Unternehmens schnell und transparent zur Verfügung gestellt werden. Durch die Masse an Informationen entsteht eine Unübersichtlichkeit. Dazu haben die Mitarbeiter nur eine begrenzte Zeit, um zu entscheiden, ob die vorhandenen Informationen relevant sind oder nicht.[400] Aus diesem Grund muss das Wissensmanagement in Unternehmen an die veränderten Umstände angepasst werden.[401]

Wird das Social Intranet nicht erfolgreich und mitarbeiterfreundlich implementiert, kann es zur Ablehnung durch die Mitarbeiter und der Führungskräfte kommen. Unter dieser Überforderung kann die Akzeptanz leiden oder sogar Verweigerung entstehen, was die aktive Nutzung einschränkt. Die Einführung eines Social Intranets verändert die Strukturen innerhalb eines Unternehmens – das heißt, dass die alleinige Zurverfügungstellung des Social Intranets nicht ausreichend ist.[402] Auch die Führungskräfte müssen auf den Umgang mit dem Social Intranet vorbereitet werden. Entscheidend ist, dass die Führungskräfte als Vorbild für die Mitarbeiter fungieren und das Social Intranet aktiv nutzen. Sonst können sich die Mitarbeiter eines Unternehmens die Frage stellen, warum

396 Vgl. *Kappes, M.,* Netzwerk, 2007, S. 157.

397 Vgl. https://t3n.de/news/social-collaboration-unternehmen-1175429/.html, Zugriff am 10.11.2019

398 Vgl. *White M.,* Handbook, 2011, S. 10.

399 Vgl. Meier, S., Lütolf, D., Schillerwein, S., Herausforderung, 2015, S. 5.

400 Vgl. *Allgäuer, J, Larisch, M.,* Trends und Perspektiven, 2014, S. 53.

401 Vgl. *Meier, S., Lütolf, D.,* Schillerwein, S., Herausforderung, 2015, S. 7.

402 Vgl. *Rolke, L., Sass, J.,* Kommunikationssteuerung, 2016, S. 147f.

sie selbst das Social Intranet verwenden sollen, wenn es die eigene Führungskraft nicht tut.[403]

Damit das Social Intranet vollständig genutzt wird, müssen die Mitarbeiter das neue Tool akzeptieren und auch benutzen. Der Erfolg des Social Intranets ist dabei auf die freiwillige Nutzung der Mitarbeiter angewiesen.[404] Das Social Intranet lebt von der Gestaltung und der aktiven Nutzung der Mitarbeiter. Wird es von den Mitarbeitern nicht angewendet, ist eine Neuerung der Unternehmenskultur nicht möglich[405] und das Social Intranet verliert seine ursprüngliche Aufgabe.[406] In diesem Zusammenhang steht das Wort ‚Shitstorm', das ein hohes Maß von negativer Kritik gegen eine Person oder ein Unternehmen bezeichnet.[407] Dies kann auch ein Social Intranet betreffen. Sollten Unternehmen kein aktives Krisenmanagement betreiben, kann ein Shitstorm innerhalb des Social Intranets außer Kontrolle geraten und negative Folgen für das Unternehmen haben.[408]

Neben der Implementierung muss auch die Nutzung des Social Intranets begleitet werden. Ein schlecht konzipiertes Social Intranet kann negative Folgen für Unternehmen und die interne Unternehmenskommunikation haben. Die Befürchtung seitens der Unternehmen besteht, dass vertrauliche Informationen veröffentlicht werden oder negative Kommentare der Unternehmensreputation schaden könnten.[409]

Das Social Intranet kann eine mögliche Alternative für die interne Unternehmenskommunikation sein, um sich zu vernetzen und miteinander zu interagieren. Auch die Kommunikation außerhalb der Büroräume, z. B. beim Homeoffice und während Kundenterminen, ist möglich. Dabei verliert das Unternehmen allerdings die Kontrolle, da sich Teams vollständig selbst organisieren.[410] Durch das Social Intranet werden Teams zeit- und ortsunabhängig. Virtuelle Räume bieten die Möglichkeit, dass Teams, Projekte oder Gruppen Dokumente teilen und Wissen austauschen. Die Ablage auf dem Laufwerk entfällt dabei vollständig.[411]

---

403 Vgl. *Emer, M.*, Management, 2018, S. 175.
404 Vgl. *Wolf, F.*, Kommunikation, 2011, S. 69.
405 Vgl. https://t3n.de/news/eigentlich-social-intranet-504975/.html, Zugriff am 29.09.2019.
406 Vgl. https://t3n.de/news/eigentlich-social-intranet-504975/.html, Zugriff am 29.09.2019.
407 Vgl. https://de.wikipedia.org/wiki/Shitstorm.html, Zugriff am 10.11.2019.
408 Vgl. *Babka, St.*, Steuer, 2016, S. 57ff.
409 Vgl. Widuckel, W., de Molina, K., Ringlstetter, M., Frey, D., Arbeitskultur, 2015, S. 248.
410 Vgl. https://t3n.de/news/eigentlich-social-intranet-504975/.html, Zugriff am 29.09.2019.
411 Vgl. https://unternehmen.handelsblatt.com/social-intranet.html, Zugriff 13.10.2019.

Beim klassischen Intranet steht der Informationserhalt im Vordergrund, während nur wenige Möglichkeiten der Kommunikation zwischen den Mitarbeitern bestehen. Bei Nichtakzeptanz der neuen Kommunikationsmöglichkeit in Form des Social Intranets besteht die Gefahr, dass unternehmensfremde Kommunikationsmöglichkeiten oder weiterhin die E-Mail genutzt werden. Die Kommunikation per E-Mail ist zeitaufwendig und nicht für komplexe Abstimmungsprozesse geeignet. Bei fehlenden Lösungen bzw. Tools greifen die Mitarbeiter auf unternehmensfremde Dienste wie WhatsApp oder Facebook Messenger zurück. Diese Tools sind bezüglich der Sicherheit bedenklich.[412]

Die Einführung und die Akzeptanz eines Social Intranets ist für Unternehmen eine große Herausforderung. Allerdings muss den Unternehmen klar sein, dass Social Intranets pflegebedürftig sind. Im Social Intranet gibt es keine Anonymität, denn jeder Nutzer weiß, von wem, wann und wo Inhalte generiert wurden.[413] Unter diesen Voraussetzungen ist der Datenschutz ein zu berücksichtigendes Thema. Unternehmen müssen den Schutz von personenbezogenen Daten gewährleisten.[414] Aber nicht nur diese müssen geschützt werden, sondern auch die Qualität der Inhalte. Im Social Intranet gibt es im Gegensatz zum klassischen Intranet kein zentrales Redaktionsteam mehr. Das Social Intranet ist lebhaft, dynamisch und flexibel gestaltet, die Inhalte können von den Mitarbeitern generiert werden.[415] Durch die vielen verschiedenen beteiligten Personen werden unterschiedliche Inhalte durch mehrere Personen zur Verfügung gestellt. Daraus entstehen verschiedene Herausforderung wie die Gefahr der Unübersichtlichkeit oder die unterschiedliche Benennung von ähnlichen Inhalten. Das Unternehmen sollte an dieser Stelle entscheiden, wie Änderungen oder Inhalte freigegeben werden, damit die Qualität gesichert wird und Inhalte nachhaltig auffindbar sind. Das Social Intranet soll Kommunikation und Wissensaustausch im Unternehmen erleichtern und keine Übernahme der alten Strukturen in ein neues System bedeuten.[416]

Aus betriebswirtschaftlicher Sicht sind die Kosten eines Social Intranets schwierig feststellbar. Sie hängen von vielen verschiedenen Einflussfaktoren ab. Dazu gehörten z. B. vorhandenen technischen Infrastruktur im Unternehmen oder die durch die Unternehmen definierten Anforderungen an die Einführung eines Social Intranets. Da es eine Herausforderung ist, das notwendige Budget für die Einführung eines Social Intranets zu definieren, können Unternehmen die Kosten schwierig kalkulieren und im schlechtesten Falle sich verkalkulieren. Dadurch können unerwartete Kosten entstehen.[417]

412 Vgl. https://unternehmen.handelsblatt.com/social-intranet.html, Zugriff 13.10.2019.
413 Vgl. Seibert, M., Preuss, S., Rauer, M., 2011, S. 31.
414 Vgl. *Lange, J.,* Datenflut, 2009, S. 105.
415 Vgl. *Wolf, F.,* Kommunikation, 2011, S. 158.
416 Vgl. *Wolf, F.,* Kommunikation, 2011, S. 157.
417 Vgl. *Wolf, F.,* Kommunikation, 2011, S. 69.

Beim klassischen Intranet werden Informationen bewusst durch ein Redaktionsteam veröffentlicht. Ungewünschte Informationen können so unter Verschluss bleiben. Dieses Vorgehen ist beim Social Intranet allerdings nicht mehr möglich. Jede Person kann Informationen veröffentlichen und verbreiten.[418] Damit vertrauliche Informationen nicht kommuniziert werden, müssen Mitarbeiter von Beginn an für die Gefahren sensibilisiert werden. Vernachlässigen Unternehmen die Begleitung der Mitarbeiter, fühlen sich diese für das Thema IT-Sicherheit nicht verantwortlich und vertrauliche Informationen können an die Öffentlichkeit geraten.[419]

4.5 Vergleich der Szenarien mit den Interviews

Ein Nachteil der Szenario-Analyse ist die mögliche subjektive Bewertung und Erstellung der Szenarien durch die beteiligten Akteure. Aus diesem Grund hängt die Qualität der Szenarien von der Expertise der mitwirkenden Personen ab.[420] Um Unternehmen eine fundierte Aussage zu den Mehrwerten und Möglichkeiten bei Einführung eines Social Intranets geben zu können, muss die wissenschaftliche Güte der Szenarien überprüft werden. Im Folgenden werden die Aussagen der Experten mit den erstellten Szenarien verglichen. Eine detaillierte Analyse der Experteninterviews erfolgt in Kapitel 5.

Die folgende Tabelle zeigt die Gegenüberstellung der Best-Case- und Worst-Case-Szenarien aus den sechs geführten Experteninterviews. Anschließend wird die Tabelle erläutert.

Experte	**Best-Case-Szenario**	**Worst-Case-Szenario**
Experte 1	• digitaler Arbeitsplatz • Komponenten verbinden	• fehlende Einbindung der Gremien • Projektstopp

[418] Vgl. *Rossmann, A.*, Steig, G., Besch, M., Erfolgsfaktoren, 2016, S. 134.
[419] Vgl. https://www.pcwelt.de/ratgeber/Facebook-Twitter-Xing-und-Co-6-Security-Regeln-fuer-Social- Media-6566582.html, Zugriff am 10.11.2019.
[420] Vgl. *Mietzner, D.*, Vorausschau, 2010, S. 159.

Experte 2	• zentrale Anlaufstelle	• Ablehnung • Ignoranz
Experte 3	• aktive Nutzung	• Ablehnung • Ignoranz
Experte 4	• Digitalisierung • Akzeptanz	• Ablehnung • Ignoranz
Experte 5	• Akzeptanz	• Ablehnung • Ignoranz • fehlende Zusammenarbeit • fehlender Austausch
Experte 6	• Akzeptanz	• fehlende Einbindung der Gremien • fehlende Unterstützung des Managements

Tabelle 5 Zusammenfassung der Szenarien der Experten

Im ersten Experteninterview wurde als Best-Case-Szenario die allumfängliche Einführung eines digitalen Arbeitsplatzes beschrieben, um verschiedene Komponente zu verknüpfen.[421] Das erstellte Best-Case-Szenario in Kapitel 4.2 sieht in der parallelen Nutzung verschiedener Kanäle die Möglichkeit, Mitarbeiter zu überfordern.[422] Die Einführung eines kompletten digitalen Arbeitsplatzes erlaubt eine neue und einfache digitale Kommunikation im Unternehmen.[423]

Nach Aussage des zweiten Interviews ist das Best-Case-Szenario die alltägliche Nutzung des Social Intranet, das als zentrale Anlaufsteller aller Mitarbeiter fungieren soll.[424] In diesem Zusammenhang steht auch die Aussage des dritten Interviewpartners. Ausschlaggebend ist die Nutzung durch die Mitarbeiter. Nur wenn diese das Social Intranet aktiv durch Liken, Posten, Sharen und Kommentieren nutzen, kann es erfolgreich in den Alltag integriert werden.[425] Auch dieser Punkt wird in den Szenarien beschrieben. Das

421 Vgl. *Interviewpartner 1,* Social Intranet, 2019, im Anhang 2, Z. 137-143.
422 Vgl. Meier, S., Lütolf, D., Schillerwein, S., Herausforderung, 2015, S. 5.
423 Vgl. *Wolf, F.,* Kommunikation, 2011, S. 41.
424 Vgl. *Interviewpartner 2,* Social Intranet, 2019, im Anhang 3, Z. 152-153.
425 Vgl. *Interviewpartner 3,* Social Intranet, 2019, im Anhang 4, Z. 163-166.

Social Intranet lebt von der aktiven Nutzung der Mitarbeiter, eine fehlende Nutzung kann zum Stillstand der Plattform führen.[426]

Im vierten Interview wurde die Digitalisierung eines bisher analogen Produkts wie eine Mitarbeiterzeitschrift als Best-Case-Szenario beschrieben.[427] Das erstellte Best-Case-Szenario in Kapitel 4.2 berücksichtigt die implementierten Tools wie eine gemeinsame Terminplanung, die vor Einführung des Social Intranets analog vorgenommen wurde.[428]

Die Befragten in den Interviews vier, fünf und sechs nannten als Best-Case-Szenario einheitlich die gute und sofortige Annahme des Social Intranets ohne Ablehnung der Mitarbeiter und ohne besondere Schwierigkeiten bei der Implementierung.[429] Dieser Punkt wird auch in dem erstellten Szenario beschrieben. Die Lebendigkeit des Social Intranets ist von der aktiven Nutzung und der Akzeptanz der Mitarbeiter abhängig.[430]

Auch ein Worst-Case-Szenario wurde von den Interviewpartnern aufgestellt. Im ersten Interview wurde als größtes Hindernis die fehlende Einbindung vorhandener Gremien genannt. Dies könne laut dem Interviewpartner dazu führen, dass ein Projektstopp bewirkt wird. Aus diesem Grund müssen alle Gremien frühzeitig hinzugezogen werden.[431] Auch die erstellten Szenarien zeigen, dass eine Einbindung z. B. des Betriebsrats für die Einführung eines Social Intranets bedeutsam ist.[432]

Im Interview sechs wurde ein ähnliches Worst-Case-Szenario genannt. Nicht nur die fehlende Zustimmung bestimmter Gremien kann schädlich für die Einführung eines Social Intranets sein, sondern auch die fehlende Unterstützung des Managements kann zu einer weniger engagierten Etablierung führen.[433]

Für die Interviewten zwei, drei, vier und fünf besteht das Worst-Case-Szenario in der vollkommenen Ablehnung und Ignoranz des Social Intranets. Das heißt, wenn das Social Intranet von den Mitarbeitern nicht genutzt wird und auf andere Tools zurückgegriffen wird.[434] In dem beschriebenen Worst-Case-Szenario in Kapitel 4.4 besteht besonders

---

426 Vgl. https://t3n.de/news/eigentlich-social-intranet-504975/.html, Zugriff am 29.09.2019.

427 Vgl. *Interviewpartner 4*, Social Intranet, 2019, im Anhang 5, Z. 279-287.

428 Vgl. *Schult, T.*, Workflow, 2014 S. 112.

429 Vgl. *Interviewpartner 4*, Social Intranet, 2019, im Anhang 5, Z. 315-319, *Interviewpartner 5*, Social Intranet 2019, im Anhang 6, Z. 59-60, *Interviewpartner 6*, 2019, im Anhang 6, Z. 120-130.

430 Vgl. *Wolf, F.*, Kommunikation, 2011, S. 69.

431 Vgl. *Interviewpartner 1*, Social Intranet, 2019, im Anhang 2, Z. 124-135.

432 Vgl. *Herzog, C.* et al., Trends, 2018, S. 8.

433 Vgl. *Interviewpartner 6*, Social Intranet, 2019, im Anhang Nr.7, Z. 130-141.

434 Vgl. *Interviewpartner 2*, Social Intranet, 2019, im Anhang Nr. 3, Z. 154-157; *Interviewpartner 3*, Social Intranet, 2019, im Anhang Br. 4, Z. 161-163; Interviewpartner 4, Social

die Gefahr, dass weiterhin die E-Mail oder unternehmensfremde Kommunikationstools genutzt werden, wodurch die Nachteile wie der Zeitaufwand und fehlender Datenschutz weiterhin im Unternehmen bestehen bleiben.[435] Auch die Ablehnung der Mitarbeiter wird im Worst-Case-Szenario in Kapitel 4.4 beschrieben.[436]

Außerdem wird in Interview fünf als Worst-Case-Szenario die fehlende Zusammenarbeit verschiedener Standorte oder Gesellschaften innerhalb des Unternehmens angeführt. Dieser fehlende Austausch kann dazu führen, dass die Gesellschaften oder die Standorte nicht zusammenwachsen.[437]

Die Befragung der Experten zu der Einschätzung des Best-Case- und Worst-Case-Szenarien spiegelt nur einen Teil der in Kapitel 4.2 und 4.3 aufgestellten Szenarien wider. Allerdings sind deutliche Übereinstimmungen ersichtlich, siehe Tabelle 2.

In Tabelle 2 werden die Kernaussagen der Best-Case- (Spalte 2) und Worst-Case-Szenarien (Spalte 4) aus Kapitel 3 mit den Kernaussagen der jeweiligen Experten (Spalte 3 und 5) verglichen. Zum Beispiel wird die Einführung eines digitalen Arbeitsplatzes sowohl von dem Experten eins als auch von Experten zwei bestätigt.

<table>
<tr><th></th><th>Best-Case-Szenario</th><th>Experte</th><th>Worst-Case-Szenario</th><th>Experte</th></tr>
<tr><td rowspan="4">Szenarien nach der Szenario-Technik</td><td>• digitaler Arbeitsplatz</td><td>1, 2</td><td>• Ablehnung</td><td>2, 3, 4, 5</td></tr>
<tr><td>• einfache digitale Kommunikation</td><td>4</td><td>• fehlende Einbindung der Gremien</td><td>1, 6</td></tr>
<tr><td>• aktive Nutzung</td><td>3</td><td rowspan="2">• Nutzung der E-Mail/unternehmensfremder</td><td rowspan="2">2, 3, 4, 5</td></tr>
<tr><td>• Implementierung von Tools</td><td>4</td></tr>
</table>

Intranet, 2019, im Anhang Nr. 5, Z. 321-325; *Interviewpartner 5,* Social Intranet, 2019, im Anhang Nr. 6, Z. 60-63.

435 Vgl. https://unternehmen.handelsblatt.com/social-intranet.html, Zugriff 13.10.2019.

436 Vgl. *Rolke, L., Sass, J.,* Kommunikationssteuerung, 2016, S. 147f.

437 Vgl. *Interviewpartner 5,* Social Intranet, 2019, im Anhang Nr. 6, Z. 66-69.

	• Akzeptanz	4, 5, 6	Tools als Kommunikationsmittel	

Tabelle 6 Vergleich der Szenarien mit den Expertenaussagen

Es ist eindeutig zu erkennen, dass sich die Aussagen der Experten und die aufgestellten Szenarien in den Aussagen decken. Aus diesem Grund ist eine subjektive Bewertung der Szenarien ausgeschlossen.

5 Interpretation der Ergebnisse

In der vorangegangenen Beschreibung wurde das Thema ausführlich erläutert, theoretische Hintergründe dargestellt und das methodische Vorgehen festgelegt. Ein zentraler Punkt der qualitativen Inhaltsanalyse ist die Bildung von Kategorien für die Analyse der Experteninterviews. Die Arbeit mit Kategorien ermöglicht eine Vergleichbarkeit der Interviews und der Ergebnisse.[438] Im folgenden Kapitel werden die geführten Interviews anhand der drei aufgestellten Kategorien, siehe Abbildung 5, ausgewertet. Sie tragen dazu bei, die anfangs aufgestellte Forschungsfrage zu beantworten. Die Informationen der Experten bzw. Interviewpartner waren so ergiebig, dass kaum zusätzliches theoretisches Wissen zur Auswertung hinzugezogen werden musste.

5.1 Notwendigkeit der Einführung eines Social Intranets für Unternehmen

Die Notwendigkeit, ein Social Intranet einzuführen, liegt im Trend der Digitalisierung begründet.[439] Auch die vermehrte Nutzung digitaler Medien im Privat- und Geschäftsleben führt zu der sinnvollen Einführung des Social Intranets. Besonders die jüngere Generation beschäftigt sich in ihrer Freizeit mit sozialen Netzwerken und Medien.[440] Für jüngere Generationen ist die Nutzung selbstverständlich. Daraus können Erwartungen der Mitarbeiter an ihre Arbeitsumgebung entstehen.[441] Eine Möglichkeit der digitalen

[438] Vgl. *Mayring, P.*, Inhaltsanalyse, 2015, S. 51f.

[439] Vgl. *Interviewpartner 1*, Social Intranet, 2019, im Anhang Nr. 2, Z. 42-43, *Interviewpartner 6*, Social Intranet, 2019, im Anhang Nr. 7, Z. 48-51.

[440] Vgl. *Interviewpartner 5*, Social Intranet, 2019, im Anhang Nr. 6, Z. 71-73.

[441] Vgl. *Interviewpartner 5*, Social Intranet, 2019, im Anhang Nr. 6, Z. 78-79.

Kommunikation ist die Einführung eines Social Intranets.[442] Dieses orientiert sich an externen Social-Media-Anwendungen[443], die auch für geschäftliche Zwecke Vorteile bieten können.[444] Als Unternehmen ist es wesentlich, die Kunden und potenziellen Neukunden zu verstehen. Aus diesem Grund ist eine digitale Interaktion, die die gesellschaftliche digitale Interaktion widerspiegelt, erforderlich.[445]

Neben der Erwartung der Mitarbeiter ist die Digitalisierung ein bedeutender Prozess von Unternehmen.[446] Der Wunsch der Unternehmen, sich aufgrund des Digitalisierungstrends[447], zu verändern[448], hat besonders für global tätige Unternehmen eine große Bedeutung.[449] Für einen Großteil der Interviewpartner ist das Social Intranet notwendig, um Mitarbeitern eines global tätigen Unternehmens die Möglichkeit zu bieten, in Kontakt zu treten und das über verschiedenen Fachbereiche oder Gesellschaften hinweg.[450] Die Mitarbeiter können sich somit über alle Grenzen hinweg austauschen[451] und dadurch nachhaltige Inhalte schaffen.[452] Sie können selbstständig Informationen suchen und mehr über ihre eigene Firma erfahren.[453] Aus dieser neuen Zusammenarbeit der Mitarbeiter kann eine Gemeinschaft entstehen, die für das Unternehmen einen großen Mehrwert bietet und notwendig ist.[454] In Unternehmen wird diese Gemeinschaft bisher in Form von Firmenfesten, gemeinsamen Mittagspausen oder Sonderveranstaltungen gefördert. Das Social Intranet bietet diese Förderung in digitaler Form über Standort und Abteilungsgrenzen hinweg.[455]

Die Kommunikation der Mitarbeiter in einem international tätigen Unternehmen ist von zentraler Bedeutung.[456] Das Social Intranet bietet die Möglichkeit alle Mitarbeiter eines

---

442 Vgl. Meier, S., Lütolf, D., Schillerwein, S., Herausforderung, 2015, S. 1f.

443 Vgl. *Interviewpartner 3,* Social Intranet, 2019, im Anhang Nr. 4, Z. 60-61.

444 Vgl. *Interviewpartner 4*, Social Intranet, 2019, im Anhang Nr. 5, Z. 80-81, 89-92.

445 Vgl. *Interviewpartner 5,* Social Intranet, 2019, im Anhang Nr. 6, Z. 86-89.

446 Vgl. *Interviewpartner 5,* Social Intranet, 2019, im Anhang Nr. 6, Z. 84-86.

447 Vgl. *Interviewpartner 1,* Social Intranet, 2019, im Anhang Nr. 2, Z. 42-43.

448 Vgl. *Interviewpartner 1,* Social Intranet, 2019, im Anhang Nr. 1, Z. 71-74.

449 Vgl. *Interviewpartner 3,* Social Intranet, 2019, im Anhang Nr. 4, Z. 196-198.

450 Vgl. *Interviewpartner 5,* Social Intranet, 2019, im Anhang Nr. 6, Z. 18-21; *Interviewpartner 6,* Social Intranet, 2019, im Anhang Nr. 7, Z. 35-37; *Interviewpartner 4,* Social Intranet, 2019, im Anhang Nr. 5, Z. 152-153.

451 Vgl. *Interviewpartner 3,* Social Intranet, 2019, im Anhang Nr. 4, Z. 191-194, Z. 198-199, *Interviewpartner 4,* Social Intranet, 2019, im Anhang Nr. 5, Z. 138-140.

452 Vgl. *Interviewpartner 3,* Social Intranet, 2019, im Anhang Nr. 4, Z. 270-272; *Interviewpartner 6,* Social Intranet, 2019, im Anhang Nr. 7, Z. 113-117.

453 Vgl. *Interviewpartner 5,* Social Intranet, 2019, im Anhang Nr. 6, Z. 21-23, Z. 16-18, 24-25.

454 Vgl. *Interviewpartner 4*, Social Intranet, 2019, im Anhang Nr. 5, Z. 141-145, Z. 58-59.

455 Vgl. *Interviewpartner 4,* Social Intranet, 2019, im Anhang Nr. 5, Z. 188-195.

456 Vgl. *Interviewpartner 6,* Social Intranet, 2019, im Anhang Nr. 7, Z. 73-77.

Unternehmens zeitgleich und schnell zu informieren.[457] Besonders für globale Unternehmen ist es notwendig, alle Mitarbeiter zeitgleich erreichen zu können.[458] Dies bietet das klassische Intranet nicht. Aus diesem Grund ist das Social Intranet besonders für globale Unternehmen notwendig.[459] Die klassische Alternative der Mitarbeiterkommunikation ist die E-Mail.[460] Allerdings ist diese Kommunikationsform langsam und nicht mehr zeitgemäß.[461] Social Collaboration Tools wie das Social Intranet bieten die Möglichkeit, die E-Mail-Kommunikation zu reduzieren.[462] Dadurch wird die gesamte Kommunikation im Unternehmen schneller[463] und produktiver.[464]

Ein weiterer Nachteil des klassischen Intranets liegt in der Struktur. Das Intranet besteht aus aufwendigen und wenig intuitiven Verzeichnisbäumen.[465] Die Informationen werden in der Regel von der Geschäftsführung bereitgestellt und die Mitarbeiter haben lediglich die Möglichkeit Geldnachweise oder die Speisekarte abzurufen.[466] Das klassische Intranet besteht in der Regel aus einer einfachen Darstellung, in der nur wenige Personen Änderungen vornehmen können.[467]

In zwei Interviews wird deutlich, dass die Notwendigkeit der Einführung eines Social Intranets in der eingeschränkten Nutzung des klassischen Intranets liegt. Die klassische Form ist ausschließlich statisch, mit statischen Informationen und in der Regel ohne Interaktionsmöglichkeiten ausgestattet.[468] Das Social Intranet hingegen ist dynamisch und agil und bietet die Möglichkeit eines Austausches, von Diskussionen und grundlegender Kommunikation.[469] Dabei verbindet es verschiedene Komponenten und ermöglicht dadurch eine einfachere Kommunikation und Kollaboration.[470] Den Interviewpartnern ist es wichtig, eine Plattform zu implementieren, die einen zentralen Ort für alle

457 Vgl. *Interviewpartner 6,* Social Intranet, 2019, im Anhang Nr. 7, Z. 80-83; *Interviewpartner 2,* Social Intranet, 2019, im Anhang Nr. 3, Z. 108-111.

458 Vgl. *Interviewpartner 6,* Social Intranet, 2019, im Anhang Nr. 7, Z. 42-47.

459 Vgl. *Interviewpartner 6,* Social Intranet, 2019, im Anhang Nr. 7, Z. 80-83.

460 Vgl. *Interviewpartner 1,* Social Intranet, 2019, im Anhang Nr. 2, Z. 22-23.

461 Vgl. *Interviewpartner 5,* Social Intranet, 2019, im Anhang Nr. 6, Z. 133-135, Z. 136-137.

462 Vgl. *Interviewpartner 2,* Social Intranet, 2019, im Anhang Nr. 3, Z. 101-102.

463 Vgl. *Interviewpartner 2,* Social Intranet, 2019, im Anhang Nr. 3, Z. 106-107.

464 Vgl. *Interviewpartner 5,* Social Intranet, 2019, im Anhang Nr. 6, Z. 180-182.

465 Vgl. *Interviewpartner 2,* Social Intranet, 2019, im Anhang Nr. 3, Z. 41-50.

466 Vgl. *Interviewpartner 4,* Social Intranet, 2019, im Anhang Nr. 5, Z. 37-49.

467 Vgl. *Interviewpartner 6,* Social Intranet, 2019, im Anhang Nr., 37-40.

468 Vgl. *Interviewpartner 1,* Social Intranet, 2019, im Anhang Nr. 2, Z. 26-27; *Interviewpartner 5,* Social Intranet 2019, im Anhang Nr. 6, Z. 27-28.

469 Vgl. *Interviewpartner 1,* Social Intranet, 2019, im Anhang Nr. 2, Z. 27-31.

470 Vgl. *Interviewpartner 1,* Social Intranet, 2019, im Anhang Nr. 2, Z. 43-46.

Mitarbeiter des Unternehmens schafft.[471] Dies ermöglicht Unternehmen, Prozesse zu verschlanken und sich damit zu digitalisieren.[472]

Die fehlende Erkenntnis der Notwendigkeit des Social Intranets führt zum Stillstand der Entwicklung.[473] Dadurch und durch und die fehlenden Vernetzungs- und Kommunikationsmöglichkeiten kann ein Wettbewerbsnachteil für das Unternehmen entstehen.[474] Wenn Unternehmen ihren Mitarbeitern die Möglichkeit einer besseren digitalen Kommunikation ermöglichen, entsteht eine erfolgreichere, schnellere und flexiblere Zusammenarbeit.[475] Für Unternehmen kann es entscheidend sein, schnell zu reagieren und zu agieren, um einen Kundenauftrag gewinnen zu können.[476]

5.2 Potenziale für Unternehmen bei Einführung eines Social Intranets

Das große Potenzial des Social Intranets liegt in der Gestaltung eines digitalen Arbeitsplatzes und einer einheitlichen Plattform. Das Social Intranet kann als zentrale Anlaufstelle aller Mitarbeiter verwendet werden. Dort können Informationen verteilt und abgerufen werden. Außerdem besteht die Möglichkeit, kollaborativ zu sein.[477] Das größte Potenzial besteht laut den Interviewpartnern darin, dass sich die Mitarbeiter ihre eigene Arbeitsumgebung schaffen können.[478] Es können weitere Plattformen oder Tools in das Social Intranet integriert werden, um den digitalen Arbeitsplatz zu erweitern.[479] Das Social Intranet verbindet die klassischen Elemente des Intranets mit den modernen, digitalen Elementen von Social Media.[480]

471 Vgl. *Interviewpartner 1,* Social Intranet, 2019, im Anhang Nr. 2, Z. 112-114; *Interviewpartner 2,* Social Intranet, 2019, im Anhang Nr. 3, Z. 135-138; *Interviewpartner 5,* Social Intranet, 2019, im Anhang Nr. 6, Z.16-18.

472 Vgl. *Interviewpartner 1*, Social Intranet, 2019, im Anhang Nr. 2, Z. 63-66.

473 Vgl. *Interviewpartner 3,* Social Intranet, 2019, im Anhang Nr. 4, Z. 269-270.

474 Vgl. *Interviewpartner 3,* Social Intranet, 2019, im Anhang Nr. 4, Z. 279-281; *Interviewpartner 5,* Social Intranet, 2019, im Anhang Nr. 6, Z. 77-79.

475 Vgl. *Interviewpartner 3,* Social Intranet, 2019, im Anhang Nr. 4., Z. 281-284; *Interviewpartner 5,* Social Intranet, 2019, im Anhang Nr. 6, Z. 89-95.

476 Vgl. *Interviewpartner 5,* Social Intranet, 2019, im Anhang Nr. 6, Z. 98-103.

477 Vgl. *Interviewpartner 1,* Social Intranet, 2019, im Anhang Nr. 2, Z. 18-21, Z. 24, Z. 109-111, *Interviewpartner 2,* Social Intranet, 2019, im Anhang Nr. 3, Z. 17, Z. 152-153; *Interviewpartner 5,* Social Intranet, 2019, im Anhang Nr. 6, Z. 160-162; *Interviewpartner 3,* Social Intranet, 2019, im Anhang Nr. 4, Z. 231-233.

478 Vgl. *Interviewpartner 3,* Social Intranet, im Anhang Nr. 4, Z. 104-106; *Interviewpartner 6,* Social Intranet, 2019, im Anhang Nr. 7, Z. 219-222.

479 Vgl. *Interviewpartner 6,* Social Intranet, 2019, im Anhang Nr. 7, Z. 223-227.

480 Vgl. *Interviewpartner 3,* Social Intranet, 2019, im Anhang Nr. 4, Z. 51-52, Z. 93-94.

Community-Manager und Moderatoren können unterstützend tätig sein und die Arbeit im Social Intranet begleiten[481], motivieren und Ideen einbringen, damit die Plattform aktiver genutzt wird.[482] Die Einführung des Social Intranets wird laut Interviewpartnern von einem Team betreut,[483] das die Vorstellungen des Unternehmens umsetzt und eine globale Plattform zur Kollaboration, Kommunikation und Interaktion der Mitarbeiter schafft.[484] Die Plattform sollte nach Einführung selbstständig funktionieren, so ein Interviewpartner.[485]

Die Notwendigkeit, Mitarbeiter einheitlich informieren zu können, wurde bereits in Abschnitt 5.1 deutlich. In den Interviews wurde außerdem mehrfach genannt, dass das Social Intranet die Möglichkeit einer einheitlichen Technik bietet und dadurch Budgets gespart werden können.[486] Die Unternehmen erhalten eine einheitliche Oberflächennavigation.[487] Die Bedienung verschiedener Tools ist zeitaufwendig und für weniger technisch affine Mitarbeiter schwieriger. Wenn die Bedienung zu anspruchsvoll ist, wird das Tool von den Nutzern abgelehnt.[488]

Trotz globaler Interaktion bietet das Social Intranet weiterhin die Möglichkeit regionale Nachrichten zu platzieren.[489] Das erlaubt eine gute weltweite Vernetzung und Kollaboration innerhalb des Unternehmens.[490] Die Hürde der Vernetzung sinkt laut des Experten durch die digitale Kommunikationsmöglichkeit und Erstellung eines eigenen Profils. Die Mitarbeiter des eigenen Unternehmens vernetzen sich dadurch schneller und besser.[491]

Das Social Intranet bietet das Potenzial für z. B. eine Kommunikationsplattform für fachspezifische Themenbereiche.[492] Besonders Fachinformationen können schwieriger zu

---

481 Vgl. *Interviewpartner 1,* Social Intranet, 2019, im Anhang Nr. 2, Z. 93, Z. 95-97; *Interviewpartner 3,* Social Intranet, 2019, im Anhang Nr. 4, Z. 141-143, Z. 165-166; *Interviewpartner 4.,* Social Intranet, 2019, im Anhang Nr. 5, Z. 204-208; *Interviewpartner 6,* Social Intranet, 2019, im Angang Nr. 7, Z. 144-146.

482 Vgl. *Interviewpartner 3,* Social Intranet, 2019, im Anhang Nr. 4, Z. 122-128.

483 Vgl. *Interviewpartner 2,* Social Intranet 2019, im Anhang Nr. 3, Z. 80; *Interviewpartner 6,* Social Intranet, 2019, im Anhang Nr. 7, Z. 151-156.

484 Vgl. *Interviewpartner 3,* Social Intranet, 2019, im Anhang Nr. 4, Z. 115-118.

485 Vgl. *Interviewpartner 5,* Social Intranet, 2019, im Anhang Nr. 6, Z. 111-115.

486 Vgl. *Interviewpartner 2,* Social Intranet, 2019, im Anhang Nr. 3, Z. 10-15.

487 Vgl. *Interviewpartner 3,* Social Intranet, 2019, im Anhang Nr. 4, Z. 70-73.

488 Vgl. *Interviewpartner 1,* Social Intranet, 2019, im Anhang Nr. 2, Z. 46-49.

489 Vgl. *Interviewpartner 2,* Social Intranet, 2019, im Anhang Nr. 3, Z. 66-69.

490 Vgl. *Interviewpartner 2,* Social Intranet, 2019, im Anhang Nr. 3, Z. 48-51; *Interviewpartner 3,* Social Intranet, 2019, im Anhang Nr. 4, Z. 15-18, Z. 29-30, Z. 213-216.

491 Vgl. *Interviewpartner 6,* Social Intranet, 2019, im Anhang Nr. 7, Z. 109-113.

492 Vgl. *Interviewpartner 3,* Social Intranet, 2019, im Anhang Nr. 4, Z. 97-99.

vermitteln sein. Eine interaktive Plattform wie das Social Intranet kann die Mitarbeiter dabei unterstützen.[493]

Neben dem Fachaustausch besteht die Möglichkeit, Gruppen zu gründen, in denen sich die Mitarbeiter über z. B. gemeinsame Interessen austauschen können. Dies geht über den klassischen Fachaustausch hinaus.[494] Auch der Austausch von Problemen und Erfolgen kann die Mitarbeiter motivieren und ein Teamgefühl vermitteln.[495]

Die Umstellung von einem klassischen Intranet zu einem Social Intranet ermöglicht eine neue Art der Kommunikation. Diese Veränderung der Kommunikation bewerten alle Experten als großes Potenzial. Die Mitarbeiter des Unternehmens erhalten die Möglichkeit, sich zu beteiligen, Beiträge zu kommentieren[496], zu liken, sich auszutauschen und Informationen zu erhalten. Diese Chance erkennen alle Experten.[497] Die Mitarbeiter werden zu Autoren[498]und können selbst Content produzieren.[499] Das Social Intranet lässt Inhalte und Meinungen der Mitarbeiter sichtbar werden.[500]

Die Unternehmenskommunikation übernimmt die Pflege von Daten und nicht mehr ausschließlich die Informationsvermittlung.[501] Das Potenzial besteht in der Selbstständigkeit der Mitarbeiter, den Vorteil zu erkennen, sich aktiv an der Gestaltung des Social Intranets zu beteiligen[502] und zu interagieren.[503] Laut einem Interviewpartner wird allerdings weiterhin eine gewisse Struktur im Social Intranet von den Mitarbeitern

---

493 Vgl. *Interviewpartner 3,* Social Intranet, 2019, im Anhang Nr. 4, Z. 66-68; *Interviewpartner 4.,* Social Intranet, 2019, im Anhang Nr. 5, Z. 162-165.

494 Vgl. *Interviewpartner 4,* Social Intranet, 2019, im Anhang Nr. 5, Z. 61-64; *Interviewpartner 6,* Social Intranet, 2019, im Anhang Nr. 7, Z. 149-151.

495 Vgl. *Interviewpartner 4,* Social Intranet; 2019, im Anhang Nr. 5, Z. 182-185.

496 Vgl. *Interviewpartner 4,* Social Intranet, 2019, im Anhang Nr. 5, Z. 49-53; *Interviewpartner 3,* Social Intranet, 2019, im Anhang Nr. 4, Z. 61-62, Z. 75-78; *Interviewpartner 6,* Social Intranet, 2019, im Anhang Nr. 7, Z. 32-53.

497 Vgl. *Interviewpartner 2,* Social Intranet, 2019, im Anhang Nr. 3, Z. 35, Z. 35-35, Z. 141-142, Z. 147-149; *Interviewpartner 1,* Social Intranet, 2019, im Anhang Nr. 2, Z. 162-164; *Interviewpartner 3,* Social Intranet, 2019, im Anhang Nr. 4, Z. 56-59; *Interviewpartner 4,* Social Intranet, 2019, im Anhang Nr. 5, Z. 284-287; *Interviewpartner 6,* Social Intranet, 2019, im Anhang Nr. 7, Z. 26-32, Z. 106-109.

498 Vgl. *Interviewpartner 3,* Social Intranet, 2019, im Anhang Nr. 4, Z. 53-56; *Interviewpartner 6,* Social Intranet, im Anhang Nr. 7, Z. 144-146.

499 Vgl. *Interviewpartner 3,* Social Intranet, 2019, im Anhang Nr. 4, Z. 263-266.

500 Vgl. *Interviewpartner 4,* Social Intranet, 2019, Im Anhang Nr. 5, Z. 56-58.

501 Vgl. *Interviewpartner 3,* Social Intranet, 2019, im Anhang Nr. 4, 110-112, *Interviewpartner 4,* Social Intranet, 2019, im Anhang Nr. 5, Z. 53-56.

502 Vgl. *Interviewpartner 1,* Social Intranet, 2019, im Anhang Nr. 2, Z. 168-170.

503 Vgl. *Interviewpartner 5,* Social Intranet, 2019, im Anhang Nr. 6, Z. 28-30, *Interviewpartner 3,* Social Intranet, 2019, im Anhang Nr. 4, Z. 135-136.

gefordert.[504] Allerdings ist eine fehlende Strukturierung gewünscht, um den Mitarbeitern eine gewisse Freiheit zu geben, den eigenen Weg der Kommunikation zu finden, kollaborativ zu sein und eine selbstständige Informationssuche zu ermöglichen.[505]

Geschlossene Bereiche, die nur für ausgewählte Personen bzw. Mitarbeiter relevant sind, ermöglichen Privatsphäre für Gruppen oder Teams.[506] Nicht nur News der Unternehmenskommunikation können abgerufen werden, sondern auch persönliche Nachrichten oder Themen aus einzelnen Teams oder Gruppen erlauben eine bessere Kooperation.[507] Mitarbeiter und Teams haben die Möglichkeit, sich selbstständig zu organisieren, effizient gemeinsam an einem Thema zu arbeiten und zu entwickeln. In Gruppen schaffen sich die Mitarbeiter eine eigene Arbeitsumgebung[508] und erhöhen die Kollaboration.[509] Das ist laut Interviewpartnern ein großes Potenzial des Social Intranets und damit des Unternehmens.[510]

Jeder Mitarbeiter kann sich beteiligen[511], sich vernetzen, Best Practices austauschen und als Person sichtbar werden.[512] Dies ist laut der Interviewpartner auf keiner anderen Plattform möglich.[513] Ein weiterer Vorteil der Zusammenarbeit und Kollaboration mithilfe des Social Intranets ist die nachhaltige und schnelle Sicherung von Informationen. Anstatt auf verschiedenen Laufwerken bietet das Social Intranet die Möglichkeit, Informationen nachhaltig abzulegen.[514] Besonders für globales Wissen ist eine digitale Ablage über interne Netzwerke hinweg zentral, damit das Wissen von überall abgerufen werden kann.[515] Relevant dabei ist einem Interviewpartner zufolge, dass die Führungskräfte diese neue Art der Kommunikation vorleben und unterstützen.[516]

Eine weitere Möglichkeit und damit ein Potenzial des Social Intranets ist die Live-Einbindung der Mitarbeiter in Form eines Live-Blogs. Die Mitarbeiter haben dadurch laut

---

504 Vgl. *Interviewpartner 3,* Social Intranet, 2019, im Anhang Nr. 4, Z. 85-88.
505 Vgl. *Interviewpartner 4,* Social Intranet, 2019, im Anhang Nr. 5, Z. 124-126, Z. 128- 132.
506 Vgl. *Interviewpartner 2,* Social Intranet, 2019, im Anhang Nr. 3, Z. 80-84.
507 Vgl. *Interviewpartner 3,* Social Intranet, 2019, im Anhang Nr. 4, Z. 78-83.
508 Vgl. *Interviewpartner 3,* Social Intranet, 2019, im Anhang Nr. 4, Z. 174-176, Z. 285-291; *Interviewpartner 4,* Social Intranet, 2019, im Anhang Nr. 5, Z. 84.
509 Vgl. *Interviewpartner 4,* Social Intranet, 2019, im Anhang Nr. 5, Z. 66-68.
510 Vgl. *Interviewpartner 3,* Social Intranet, 2019, im Anhang Nr. 4, Z. 99-104.
511 Vgl. *Interviewpartner 3,* Social Intranet, 2019, im Anhang Nr. 4, Z. 107-109.
512 Vgl. *Interviewpartner 3,* Social Intranet, 2019, im Anhang Nr. 4, Z. 176-177, Z. 202-204, Z. 272-275.
513 Vgl. *Interviewpartner 3,* Social Intranet, 2019, im Anhang Nr. 4, Z. 194-196, Z. 240-242.
514 Vgl. *Interviewpartner 6,* Social Intranet, 2019, im Anhang Nr. 7, Z. 94-99; *Interviewpartner 3,* Social Intranet, 2019, im Anhang Nr. 4, Z. 189-191.
515 Vgl. *Interviewpartner 3,* Social Intranet, 2019, im Anhang Nr. 4, Z. 204-209, Z. 154-256.
516 Vgl. *Interviewpartner 4,* Social Intranet, 2019, im Anhang Nr. 5, Z. 257-258; *Interviewpartner 6,* Social Intranet, 2019, im Anhang Nr. 7, Z. 135-138.

Interviewpartner die Möglichkeit, an Veranstaltungen teilzunehmen, ohne vor Ort sein zu müssen.[517]

Die Einführung eines Social Intranets kann außerdem dabei unterstützen, einen kulturellen Wandel im Unternehmen zu vollziehen.[518] Dass sich das Unternehmen für eine offene und neue digitale Kommunikation öffnet, ist laut Interviewpartner ein großer Mehrwert.[519] Ein positives Zeichen des Unternehmens ist es, offen gegenüber einer digitalen Kommunikation zu sein und seinen Mitarbeitern zu vertrauen.[520] Das Konzept des Social Intranets kann nur funktionieren, wenn Transparenz besteht. Mit der Einführung des Social Intranets gewährt das Unternehmen Transparenz[521], wodurch ein kreativer Prozess im Unternehmen stattfinden kann.[522] Potenziale entstehen dort, wo Unternehmen und Führungskräfte den Mitarbeitern ermöglichen, ihre Meinungen frei zu äußern.[523] Für das Potenzial einer kooperativen, interaktiven und eigenverantwortlichen Unternehmensstrategie kann laut den Interviewpartnern das Social Intranet ein Wettbewerbsvorteil sein.[524]

5.3 Zu überwindende Barrieren bei der Einführung eines Social Intranets

Eine große Barriere kann laut den Interviewpartnern die Akzeptanz der Mitarbeiter sein[525], die ganz unterschiedlich ausfallen kann.[526] Aus diesem Grund muss die Implementierung des Intranets begleitet werden, denn dadurch kann die Akzeptanz der

517 Vgl. *Interviewpartner 4,* Social Intranet, 2019, im Anhang Nr. 5, Z. 252-256, Z. 416-418.

518 Vgl. *Interviewpartner 1,* Social Intranet, 2019, im Anhang Nr. 2, Z. 151-153, Z. 172-174; *Interviewpartner 6,* Social Intranet, 2019, im Anhang Nr. 7, Z. 204-207.

519 Vgl. *Interviewpartner 3,* Social Intranet, 2019, im Anhang Nr. 4, Z. 169-172.

520 Vgl. *Interviewpartner 4,* Social Intranet, 2019, im Anhang Nr. 5, Z. 389-390; *Interviewpartner 3,* Social Intranet, 2019, im Anhang Nr. 4, Z. 178-182; *Interviewpartner 6,* Social Intranet, 2019, im Anhang Nr. 7, Z. 149-151.

521 Vgl. *Interviewpartner 3,* Social Intranet, 2019, im Anhang Nr. 4, Z. 275-276.

522 Vgl. *Interviewpartner 3,* Social Intranet, 2019, im Anhang Nr. 4, Z. 276-279.

523 Vgl. *Interviewpartner 6,* Social Intranet, 2019, im Anhang Nr. 7, Z. 65-71.

524 Vgl. *Interviewpartner 3,* Social Intranet, 2019, im Anhang Nr. 4, Z. 329-332; *Interviewpartner 5,* Social Intranet, 2019, im Anhang Nr. 6, Z. 89-95.

525 Vgl. *Ku Interviewpartner 1,* Social Intranet, 2019, im Anhang Nr. 2, Z. 33; *Interviewpartner 5,* Social Intranet, 2019, im Anhang Nr. 6, Z. 60-63.

526 Vgl. *Interviewpartner 4,* Social Intranet, 2019, im Anhang Nr. 5, Z. 96-97; *Interviewpartner 1,* Social Intranet, 2019, im Anhang Nr. 146-148; *Interviewpartner 6,* Social Intranet, 2019, im Anhang Nr. 7, Z. 58-65.

Mitarbeiter erhöht werden.[527] Dazu kann auch dienen, sie frühzeitig in den Implementierungsprozess einzubeziehen und regelmäßig zu informieren.[528] Den Unternehmen muss bewusst sein, dass eine solche Implementierung Zeit benötigt und nicht innerhalb weniger Tage erfolgen kann.[529] Eine Integration von Bestandteilen des klassischen Intranets kann dabei unterstützen, die Akzeptanz der Mitarbeiter zu erhöhen.[530] Diese hat laut Experte weniger etwas damit zu tun, ob das Tool von den Mitarbeitern als gut oder schlecht empfunden wird, sondern mehr mit der Medienaffinität[531] und dem Altersdurchschnitt der Firma.[532]

Für die Mitarbeiter kann die Einführung einer bisher unbekannten Plattform bedeuten, eine Hemmschwelle überwinden zu müssen.[533] Auch die Transparenz und fehlende Anonymität können für die Mitarbeiter des Unternehmens eine Hürde sein.[534] Aus diesem Grund ist es bedeutsam, den Mitarbeitern die Angst vor Veränderungsprozessen und Neuerungen zu nehmen.[535] Die Informationen bleiben innerhalb des Unternehmens und gelangen nicht nach außen.[536] Um die Hemmschwelle gegenüber dem neuen Tool zu überwinden, müssen die Mitarbeiter Zeit mit dem neuen Medium verbringen[537], experimentierfreudig und neugierig sein.[538] Eine weitere Möglichkeit sind Trainings, um den Mitarbeitern die Plattform und ihre Potenziale näherzubringen.[539]

Eine weitere Barriere kann sein, keine weiteren Tools in das Social Intranet integrieren zu können.[540]

Die Experten nannten als weitere Barriere die fehlende Einbindung der Gremien wie des Betriebsrats in den Veränderungsprozess. Der Betriebsrat hat in Unternehmen

527 Vgl. *Interviewpartner 1,* Social Intranet, 2019, im Anhang Nr. 2, Z. 34-39, Z. 54-55; *Interviewpartner 4,* Social Intranet, 2019, im Anhang Nr. 5, Z. 112-117; *Interviewpartner 5,* Social Intranet, 2019, im Anhang Nr. 6, Z. 107-110.

528 Vgl. *Interviewpartner 1,* Social Intranet, 2019, im Anhang Nr. 2, Z. 55-60, Z. 133-135.

529 Vgl. *Interviewpartner 1,* Social Intranet, 2019, im Anhang Nr. 2, Z. 151.

530 Vgl. *Interviewpartner 3,* Social Intranet, im Anhang Nr. 4, Z. 89-91.

531 Vgl. *Interviewpartner 4,* Social Intranet, 2019, im Anhang Nr. 5, Z. 107-109; *Interviewpartner 5,* Social Intranet, 2019, Z. 171-179.

532 Vgl. *Interviewpartner 5,* Social Intranet, 2019, im Anhang Nr. 6, Z. 49-53.

533 Vgl. *Interviewpartner 1,* Social Intranet, 2019, im Anhang Nr. 2, Z. 160-161, Z. 164-165.

534 Vgl. *Interviewpartner 5,* Social Intranet, 2019, im Anhang Nr. 6, Z. 196-199; *Interviewpartner 1,* Social Intranet, 2019, im Anhang Nr. 2, Z. 171-172.

535 Vgl. *Interviewpartner 1,* Social Intranet, 2019, im Anhang Nr. 2, Z. 184-186.

536 Vgl. *Interviewpartner 1,* Social Intranet, 2019, im Anhang Nr. 2, Z. 186-188.

537 Vgl. *Interviewpartner 4,* Social Intranet, 2019, im Anhang Nr. 5, Z. 121-124.

538 Vgl. *Interviewpartner 6,* Social Intranet, 2019, im Anhang Nr. 7, Z. 191-196; *Interviewpartner 4,* Social Intranet, 2019, im Anhang Nr. 5, Z. 319-320.

539 Vgl. *Interviewpartner 4,* Social Intranet, 2019, im Anhang Nr. 5, Z. 322-324.

540 Vgl. *Interviewpartner 1,* Social Intranet, 2019, im Anhang Nr. 2, Z. 101-104.

Mitwirkungs- und Mitbestimmungspflichten. Eine fehlende Hinzuziehung kann daher einen negativen Einfluss auf die Implementierung eines Social Intranets haben.[541] Die Konsequenzen der fehlenden Einbindung können laut den Experten einen Projektstopp der Implementierung zur Folge haben.[542]

Moderatoren und Community-Manager müssen laut Aussage eines Interviewpartners Impulse setzen, um die Mitarbeiter zur Nutzung des Social Intranets zu motivieren. Ohne diese zuständigen Personen kann eine aktive und vielseitige Nutzung schwierig sein.[543] Sollte nach der Meinung des Großteils der Experten die aktive Nutzung der Mitarbeiter fehlen, kann das Social Intranet nicht funktionieren und wird unattraktiv.[544]

Eine weitere Barriere kann die Gefahr eines Shitstorms sein, sodass negative Inhalte bzw. Kommentare an Bedeutung gewinnen.[545] Das klassische Intranet bietet in den meisten Fällen diese Möglichkeit nicht.[546] Aus diesem Grund muss es Verantwortliche geben, die eingreifen und Maßnahmen einleiten können.[547] Neben dem Shitstorm besteht laut einem Interviewpartner die Gefahr, dass digitale Gruppen für negative Zwecke verwendet werden könnten.[548] Dies könnte z. B. ein Darknet im Social Intranet sein.[549]

Problematisch kann laut Aussage der Experten die unkontrollierte Ablage von Inhalten werden, wodurch eine Unübersichtlichkeit[550] und eine Überforderung entstehen können.[551] Das Social Intranet muss intelligente Suchfunktionen beinhaltet, damit Inhalte schnell gefunden werden können.[552] Durch eine Vielzahl von Informationen, Meinungen und Kommunikation besteht für einen Experten die Gefahr, dass die Mitarbeiter vom

---

541 Vgl. *Interviewpartner 1,* Social Intranet, 2019, im Anhang Nr. 2, Z. 84-91, Z. 124-126; *Interviewpartner 3,* Social Intranet, 2019, im Anhang Nr. 4, Z. 341-365.

542 Vgl. *Interviewpartner 1,* Social Intranet, 2019, im Anhang Nr. 2, Z. 127-133, Z. 156-159.

543 Vgl. *Interviewpartner 1,* Social Intranet, 2019, im Anhang Nr. 2, Z. 165-168.

544 Vgl. *Interviewpartner 1,* Social Intranet, 2019, im Anhang Nr. 2, Z. 177-181, Z. 181-182; *Interviewpartner 3,* Social Intranet, 2019, im Anhang Nr. 4, Z. 261-263; *Interviewpartner 4,* Social Intranet, 2019, im Anhang Nr. 5, Z. 444-446, Z. 448-451; *Interviewpartner 6,* Social Intranet, 2019, im Anhang Nr. 7, Z. 88-91.

545 Vgl. *Interviewpartner 4,* Social Intranet, 2019, im Anhang Nr. 5, Z. 329-331; *Interviewpartner 3,* Social Intranet, 2019, im Anhang Nr. 4, Z. 317-321; *Interviewpartner 6,* Social Intranet, 2019, im Anhang Nr. 7, Z. 165-169.

546 Vgl. *Interviewpartner 3,* Social Intranet, 2019, im Anhang Nr. 4, Z. 144-145.

547 Vgl. *Interviewpartner 3,* Social Intranet, 2019, im Anhang Nr. 4, Z. 146-166; *Interviewpartner 6,* Social Intranet, 2019, im Anhang Nr. 7, Z. 156-161.

548 Vgl. *Interviewpartner 4,* Social Intranet, 2019, im Anhang Nr. 5, Z. 353-360.

549 Vgl. *Interviewpartner 4,* Social Intranet, 2019, im Anhang Nr. 5, Z. 363-364.

550 Vgl. *Interviewpartner 3,* Social Intranet, 2019, im Anhang Nr. 4, Z. 294-297.

551 Vgl. *Interviewpartner 3,* Social Intranet, 2019, im Anhang Nr. 4, Z. 314.

552 Vgl. *Interviewpartner 3,* Social Intranet, 2019, im Anhang Nr. 4, Z. 297-300.

Arbeitsalltag abgelenkt werden.[553] Das betrifft besonders die Mitarbeiter, die mit dem Umgang sozialer Tools nicht geübt sind.[554]

Die Kontrolle abzugeben und den Mitarbeitern durch das Social Intranet mehr Macht zu übertragen, kann ein Risiko sein, wird aber von dem Interviewpartner eher als positives Signal gesehen.[555] Eine Barriere für das Unternehmen kann oder ist die Angst vor der Weitergabe vertraulicher Informationen.[556] Trotz Risiko ist für die Experten die Zusammenarbeit in einem sozialen Intranet sinnvoll.[557]

Durch die Ablehnung der Mitarbeiter kann die Firma nicht zusammenwachsen.[558] Ein Interviewpartner gibt zu bedenken, dass es immer Mitarbeiter gibt und geben wird, die Neuerungen ablehnen. Aus diesem Grund muss nicht speziell die fehlende Akzeptanz des Social Intranets Grund der Ablehnung gegenüber neuen Medien im Unternehmen sein.[559]

5.4 Beantwortung der Forschungsfrage

Die zu Beginn aufgestellte Forschungsfrage lautet: ‚Welche Veränderungen ergeben sich durch die Einführung eines Social Intranets für Unternehmen?'. Die Ergebnisse der Experteninterviews, ermittelt anhand einer Inhaltsanalyse nach Mayring, zeigen, dass Veränderungen durch die Einführung eines Social Intranets in Unternehmen erfolgen. Nur wenige Studien haben bisher systematisch erforscht, was sich durch die Einführung eines Social Intranets im Unternehmen ändert. Die folgende Ausführung zeigt zwei Veränderungen für Unternehmen.

Eine mögliche Veränderung fiel durch die Auswertung der Interviews besonders auf und betrifft die Kommunikation.[560] Die Bedeutung dieser Veränderung ergibt sich aus der Mehrfachnennung von den Experten während der geführten Interviews. Diese neue Art der Kommunikation des Social Intranets bietet die Möglichkeit der Interaktion und des Austausches in Form von Kommentaren, Likes, Diskussionen und der selbstständigen

---

553 Vgl. *Interviewpartner 3,* Social Intranet, 2019, im Anhang Nr. 4, Z. 309-311.

554 Vgl. *Interviewpartner 3,* Social Intranet, 2019, im Anhang Nr. 4, Z. 314-128.

555 Vgl. *Interviewpartner 3,* Social Intranet, 2019, im Anhang Nr. 4, Z. 325-327; *Interviewpartner 6,* Social Intranet, 2019, im Anhang Nr. 7, Z. 207-213.

556 Vgl. *Interviewpartner 4,* Social Intranet, 2019, im Anhang Nr. 5, Z. 375-379; *Interviewpartner 5,* Social Intranet, 2019, im Anhang Nr. 6, Z. 189-190, Z. 202-207.

557 Vgl. *Interviewpartner 3,* Social Intranet, 2019, im Anhang Nr. 4, Z. 333-336; *Interviewpartner 6,* Social Intranet, 2019, im Anhang Nr. 7, Z. 186-188.

558 Vgl. *Interviewpartner 5,* Social Intranet, 2019, im Anhang Nr. 6, Z. 66-69.

559 Vgl. *Interviewpartner 6,* Social Intranet, 2019, im Anhang Nr. 7, Z. 196-200.

560 Vgl. *Interviewpartner 3,* Social Intranet, 2019, im Anhang Nr. 4, Z. 115-118.

Beschaffung von Informationen.[561] Die Mitarbeiter sind nicht mehr stille Zuschauer, sondern veröffentlichen eigenen Content und sind somit nicht nur Empfänger, sondern auch Autoren im Social Intranet.[562] Die neue Interaktion entsteht nicht nur zwischen den Mitarbeitern, sondern auch zwischen der Unternehmensführung, der Unternehmenskommunikation und den Mitarbeitern.[563] Durch das Social Intranet kann über jegliche Abteilungs-, Gesellschaft- und Standortgrenzen hinweg kommuniziert werden.[564] Die Mitarbeiter können sich ihre eigene digitale Arbeitsumgebung schaffen.[565]

Aus dieser veränderten Kommunikation kann sich eine weitere große Veränderung ergeben. Das Unternehmen wächst zusammen und die Mitarbeiter vernetzen sich.[566] Dadurch entsteht ein schnellerer und effizienter Austausch[567], woraus ein Wettbewerbsvorteil resultiert.[568]

6 Fazit und Ausblick

Zu Beginn der Ausarbeitung wurden konkrete Ziele festgelegt, die im Fazit auf ihr Erreichen geprüft werden, siehe Kapitel 1.4.

Es sollten die Hintergründe des Themas erläutert werden. Um dieses Ziel zu erreichen, wurde der aktuelle Forschungsstand beschrieben und Begriffsdefinitionen festgelegt. Durch die Nutzung von verschiedenen Methoden sollten neue Informationen gewonnen werden. Dazu wurde sowohl das Experteninterview und die anschließende Inhaltsanalyse nach Mayring, als auch die Szenario-Analyse genutzt. Diese Nutzung ermöglicht die Identifikation von Möglichkeiten, Mehrwerten und Veränderungen durch die

561 Vgl. *Interviewpartner 2,* Social Intranet, 2019, im Anhang Nr. 3, Z. 35, Z. 35-35, Z. 141-142, Z. 147-149; *Interviewpartner 1,* Social Intranet, 2019, im Anhang Nr. 2, Z. 162-164; *Interviewpartner 3,* Social Intranet, 2019, im Anhang Nr. 4, Z. 56-59, *Interviewpartner 4,* Social Intranet, 2019, im Anhang Nr. 5, Z. 284-287; *Interviewpartner 6,* Social Intranet, 2019, im Anhang Nr. 7, Z. 26-32, 106-109.

562 Vgl. *Interviewpartner 3,* Social Intranet, 2019, im Anhang Nr. 4, Z. 53-56; *Interviewpartner 6,* Social Intranet, im Anhang Nr. 7, Z. 144-146.

563 Vgl. *Ratajczak, O.,* Praxis-Tipp, 2016, S. 26.

564 Vgl. *Interviewpartner 5,* Social Intranet, 2019, im Anhang Nr. 6, Z. 18-21; *Interviewpartner 6,* Social Intranet, 2019, im Anhang Nr. 7, Z. 35-37; *Interviewpartner 4,* Social Intranet, 2019, im Anhang Nr. 5, Z. 152-153.

565 Vgl. *Interviewpartner 3,* Social Intranet, im Anhang Nr. 4, Z. 104-106; *Interviewpartner 6,* Social Intranet, 2019, im Anhang Nr. 7, Z. 219-222.

566 Vgl. *Interviewpartner 6,* Social Intranet, 2019, im Anhang Nr. 7, Z. 109-113.

567 Vgl. *Interviewpartner 3,* Social Intranet, 2019, im Anhang Nr. 4., Z. 281-284; *Interviewpartner 5,* Social Intranet, 2019, im Anhang Nr. 6, Z. 89-95.

568 Vgl. https://arbeitsplatz40.de/social-intranet-ist-mehr-als-nur-ein-chat-programm-diese-10-funktionen- sollte-ihr-social-intranet-besitzen/.html, Zugriff am 23.10.2019.

Einführung eines Social Intranets. Diese Ausarbeitung blickt über die betriebswirtschaftliche Sicht hinaus und betrachtet zusätzlich die Bedürfnisse und Wünsche der Führungskräfte und Mitarbeiter.

Die Wissenschaftlichkeit der Ausarbeitung wird durch die sechs Gütekriterien nach Mayring überprüft (siehe Kapitel 3.5). Die Verfahrensdokumentation wurde durch die detaillierte Beschreibung und Dokumentation der verwendeten Messinstrumente in Kapitel 3 gewährleistet. Die Interpretationsabsicherung der Ausarbeitung ist durch ähnliche Erkenntnisse der Experteninterviews und der Szenarien sichtbar. Die Regelgeleitetheit wird durch den systematischen Ablauf der Inhaltsanalyse nach Mayring eingehalten. Die Nähe zum Gegenstand wird durch die intensive Zusammenarbeit mit den Experten gewährleistet. Die Ergebnisse wurden mit dritten Personen oder den Experten nicht diskutiert. Aus diesem Grund kann die Erfüllung der kommunikativen Validierung infrage gestellt werden. Allerdings hat die Limitation eines Gütekriteriums keinen ausschlaggebenden Einfluss auf die Güte der gesamten Arbeit. Die Methodentriangulation wird durch das Anwenden verschiedener Methoden erfüllt.

Kritisch zu beleuchten ist unter anderem die geringe Erfahrung der Unternehmen mit dem Tool - Social Intranet. Ein Teil der Unternehmen ist laut Aussage der Experten aktuell ‚erst' in der Position, das Social Intranet einzuführen. Andere Unternehmen haben das Tool bereits implementiert, allerdings noch nicht vollständig in den Arbeitsalltag integriert. An dieser Stelle ist die Aussagekraft der Ergebnisse abzuwägen. Allerdings zeigen die Ergebnisse der Szenario-Analyse und der Inhaltsanalyse nach Mayring deutliche Übereinstimmungen. Aus diesem Grund ist kein Zweifel an der Aussagekraft der Ergebnisse angebracht. Das zeigt außerdem, dass im Zuge der Experteninterviews die richtigen Leitfragen gestellt wurden und eine sinnvolle Auswahl der Experten gelang.

Dennoch sind Unterschiede zwischen den Experteninterviews und der Szenario-Analyse aufgefallen. Bei der Szenario-Analyse wurde z. B. die veränderte Aufgabe der Führungskraft intensiver betrachtet.[569] Die Experten hingegen beleuchteten die Veränderung der Mitarbeiter.[570] Über die Studie hinaus kann dieser Punkt näher betrachtet werden, um die Rolle der Führungskräfte in diesem Veränderungsprozess zu definieren.

Durch den Fokus auf die Inhaltsanalyse nach Mayring konnte die Szenario-Technik nicht im vollen und ausführlichen Umfang angewendet werden. Die erzielten Ergebnisse ermöglichen für Unternehmen jedoch einen Ansatz für weitere Ausarbeitungen.

569 Vgl. *Wolf, F.*, Kommunikation, 2011, S. 90.

570 Vgl. *Interviewpartner 1*, Social Intranet, 2019, im Anhang Nr. 2, Z. 168-170.

Unabhängig von den angewandten Methoden ist das Social Intranet mehr als ein neues Tool für Unternehmen. Der Einsatz eines Social Intranets im Unternehmen verbessert die Kommunikation und Kollaboration.[571] Davon können besonders globale Unternehmen profitieren, da über Unternehmens- und Gesellschaftsgrenzen hinweg kommuniziert werden kann. [572]

Die Digitalisierung der internen Kommunikation bietet viele Mehrwerte und Möglichkeiten, sowohl für die Mitarbeiter als auch für die Führungskräfte. Unternehmen haben die Chance ihre Unternehmenskultur zu verändern. Daraus kann ein Wettbewerbsvorteil entstehen.

Wenn sich Unternehmen der Herausforderung stellen, können sie von engagierten und motivierten Mitarbeitern profitieren.[573] Das gelingt nur, wenn sich Unternehmen verpflichten den Mitarbeitern während der Einführung unterstützend zur Seite zu stehen. Ohne die Akzeptanz der Mitarbeiter kann keine erfolgreiche Implementierung erfolgen.

Alle vorhandenen Gremien im Unternehmen müssen bei diesem Change-Prozess zusammenarbeiten und den Wandel aktiv mitgestalten. Ohne die Vorbildfunktion der Führungskräfte besteht die Gefahr der Ablehnung durch die Mitarbeiter.

Bei erfolgreicher Umsetzung werden die Kommunikation und Kollaboration im Unternehmen schneller, flexibler und transparenter.[574] Die Mitarbeiter können durch den Einsatz eines Social Intranets mehr an z. B. Entscheidungen oder Diskussionen, durch liken, sharen und kommentieren von Beiträgen, beteiligt werden. [575]

Der Umgang mit digitalen Tools ist vielen Mitarbeitern durch die private Nutzung bereits bekannt. Dies ist ein weiterer Grund für Unternehmen innovative digitale Tools in

---

571 Vgl. *Interviewpartner 3,* Social Intranet, 2019, im Anhang Nr. 4, Z. 176-177, Z. 202-204, Z. 272-275.

572 Vgl. *Interviewpartner 5,* Social Intranet, 2019, im Anhang Nr. 6, Z. 18-21, *Interviewpartner 6,* Social Intranet, 2019, im Anhang Nr. 7, Z. 35-37, *Interviewpartner 4,* Social Intranet, 2019, im Anhang Nr. 5, Z. 152-153.

573 Vgl. *Interviewpartner 4,* Social Intranet, 2019, im Anhang Nr. 5, Z. 141-145, Z. 58-59.

574 Vgl. *Ratajczak, O.,* Praxis-Tipp, 2016, S. 26; *Interviewpartner 3,* Social Intranet, 2019, im Anhang Nr. 4., Z. 281-284; *Interviewpartner 5,* Social Intranet, 2019, im Anhang Nr. 6, Z. 89-95.

575 Vgl. *Interviewpartner 2,* Social Intranet, 2019, im Anhang Nr. 3, Z. 35, Z. 35-35, Z. 141-142, Z. 147-149; *Interviewpartner 1,* Social Intranet, 2019, im Anhang Nr. 2, Z. 162-164; *Interviewpartner 3,* Social Intranet, 2019, im Anhang Nr. 4, Z. 56-59, Z. 263-266; *Interviewpartner 4,* Social Intranet, 2019, im Anhang Nr. 5, Z. 284-287; *Interviewpartner 6,* Social Intranet, 2019, im Anhang Nr. 7, Z. 26-32, 106-109.

den Arbeitsalltag zu integrieren und daraus einen digitalen Arbeitsplatz zu entwickeln. [576]

Trotz aller Mehrwerte und Möglichkeiten sehen Unternehmen in der Veränderung durch die Einführung eines Social Intranets Gefahren, wie z. B. der Datenschutz oder mögliche Shitstorms. Vor der Einführung eines Social Intranets sollte transparent und offen mit möglichen Gefahren und Risiken umgegangen werden, um den Führungskräften und Mitarbeitern Ängste zu nehmen. Allerdings muss immer wieder deutlich hervorgehoben werden, dass die Möglichkeiten und die Mehrwerte für Unternehmen, alle Risiken und Gefahren überschatten.

Die Ergebnisse zeigen, dass das Social Intranet eine effektive und moderne Möglichkeit der Kommunikation innerhalb eines Unternehmens ist und einen Wettbewerbsvorteil bietet. Diese Ausarbeitung ermöglicht es Unternehmen, Mehrwerte und Möglichkeiten zu erkennen. Die Forschungsfrage ist demnach beantwortet.

Grundsätzlich ist denkbar, die Ergebnisse dieser Ausarbeitung auf bestimmte Branchen zu spezifizieren, damit die Ergebnisse deutlicher auf einzelne Unternehmen angewendet werden können. Der Rahmen dieser Ausarbeitung ist sehr weit gefasst. Diese Arbeit liefert jedoch einen ersten Beitrag zum Thema Einführung eines Social Intranets für Unternehmen.

576 Vgl. *Wolf, F.*, Kommunikation, 2011, S. 41.

Literaturverzeichnis

Austerschulte, Linda (Messinstrument, 2014): Entwicklung einer Vorgehensweise zur Erstellung eines Messinstruments für einzelne Dynamic Capabilities, Wiesbaden, 2014

Babka, Stefanie (Steuer, 2016): Social Media für Führungskräfte: Behalten Sie das Steuer in der Hand, Wiesbaden: Springer Fachmedien Wiesbaden, 2016

Bächle, Michael A. (Wissensmanagement, 2016): Wissensmanagement mit Social Media, Berlin, 2016

Becker, Inga (Know-Tech, 2013): Innovationsmotor: Wissensmanagement! Der kommunikative Kulturwandel in Unternehmen, in: Arns, T., Bentele, M., Niemeier, J., Schütt, P., Weber, M (Hrsg.), Know-Tech – Wissensmanagement und Social Media – Markterfolg im Innovationswettbewerb, Berlin: GITO mbH Verlag Berlin, 2013, S. 141-149

Beuthner, Katrin (Erfolgsfaktoren, 2016): Datensicherheit in Enterprise Social Networks, in: Rossmann, Alexander, Steig, Gerald, Besch, Markus (Hrsg.), Enterprise Social Networks: Erfolgsfaktoren für die Einführung und Nutzung- Grundlagen, Praxislösungen, Fallbeispiele, Wiesbaden: Springer Fachmedien Wiesbaden, 2016, S. 132-142

Bogner, Alexander, Menz, Wolfgang (Das Experteninterview, 2013): Expertenwissen und Forschungspraxis: die modernisierungstheoretische und die methodische Debatte und die Experten, in: Bogner, Alexander, Littig, Beate, Menz, Wolfgang (Hrsg.), Das Experteninterview – Theorie, Methode, Anwendung, Wiesbaden, 2013, S. 7-31

Bortz, Jürgen, Döring, Nicola (Forschungsmethoden, 2013): Forschungsmethoden und Evaluation, 2. Aufl., Berlin/Heidelberg, 2013

Breslin, John, G., Passant, Alexandre, Decker, Stefan (Semantic, 2009): The Social Semantic Web, Berlin, Heidelberg: Springer-Verlag, 2009

Brüsemeister, Thomas (Qualitative Forschung, 2008): Qualitative Forschung – Ein Überblick, 2. Aufl., Wiesbaden, 2008

Chatti, M., A., Jarke, M. (Knowledge, 2008): Social Software for Bottom-Up Knowledge Networking and Community Building, in: Lytras, Miltiadis, Tennyson, Robert, de Pablos, Patricia Ordónez (Hrsg.), Knowledge Networks: The Social Software Perspective, 2008, S. 17-28

Chermack, Thomas, J. (Organizations, 2011): Scenario Planning in Organizations, San Francisco: Berrett-Koehler Publishers, Inc., 2011

Döring, Nicola, Bortz, Jürgen (Forschungsmethoden, 2015): Forschungsmethoden und Evaluation in den Sozial- und Humanwissenschaften, 5. Aufl., Heidelberg: Springer-Verlag, 2015

Eberspächer, Jörg, Holter, Stefan (Enterprise, 2010): Enterprise 2.0 – Unternehmen zwischen Hierarchie und Selbstorganisation, Heidelberg, 2010

Ellwein, Christian (Suche, 2002): Suche im Internet für Industrie und Wissenschaft, München, 2002

Emer, Michael (Management, 2018): Organisation 4.0, in: Weissmann, Arnold, Zink-Kunnert, Annemarie (Hrsg.), Management 4.0 – Unternehmensführung im digigalen Zeitalter, Berlin: Springer-Verlag GmbH, 2018

Fink, Alexander, Schlake, Oliver, Siebe, Andreas (Erfolg, 2002): Erfolg durch Szenario-Management, 2. Aufl., Frankfurt/New York: Campus Verlag, 2002

Fink, Alexander, Siebe, Andreas (Management, 2016): Szenario Management, Frank furt/New York: Campus Verlag, 2016

Fischer Ariana, Kaup, Anja (Kommunikationssteuerung, 2016): Interne Kommunikation als Innovationstreiber, in: Rolke, Lother, Sass, Jan (Hrsg.), Kommunikationssteuerung, Berlin/Boston: Walter de Gruyter GmbH, 2016, S. 145-159

Gausmeier, Jürgen, Fink, Alexander, Schlake, Oliver (Planen und Führen, 1996): Szenario-Management: Planen und Führen mit Szenarien, 2. Aufl., München, Wien: Carl Hansen Verlag München Wien, 1996

Gläser, Jochen, Laudel, Grit (Instrument, 2009): Experteninterview und qualitative Inhaltsanalyse als Instrument rekonstruierender Untersuchungen, 3. Aufl., Wiesbaden, 2009

Gläser-Zikuda, Michaela (Praxis, 2008): Qualitative Inhaltsanalyse in der Lernstrategie- und Lernemotionsforschung, in: Mayring, Philipp, Gläser-Zikuda, Michaela (Hrsg.), Die Praxis der Qualitativen Inhaltsanalyse, 2. Aufl., Weinheim und Basel: Beltz Verlag, 2008

Gläser-Zikuda, Michaela (Bildungsforschung, 2011): Qualitative Auswertungsverfahren, in: Reinders, Heinz, Ditton, Hartmut, Gräsel, Cornelia, Gniewosz Burkhard (Hrsg.), Empirische Bildungsforschung: Strukturen und Methoden, Wiesbaden: Springer Fachmedien Wiesbaden GmbH, 2011, S. 109-119

Gorden, Raymond, L. (Interviewing, 1975): Interviewing: Strategy, Techniques, and Tactics, Homewood: Dorsey Press, 1975

Großklaus, Rainer (Produkte, 2008): Neue Produkte einführen: Von der Idee zum Markterfolg, Wiesbaden: GWV Fachverlag Gmbh, 2008

Grossmann, Christian, Slotosch, Andreas (Arbeitskultur, 2015): Die Unternehmenskultur für Startups – ideale Voraussetzungen für den Einsatz von Social Media im Intranet?, in: Widuckel, Werner, de Molina, Karl, Ringlstetter, Max, Frey, Diester (Hrsg.), Arbeitskultur 2020 – Herausforderung und Best Practices der Arbeitswelt und Zukunft, Wiesbaden, 2015, S. 239-253

Harm, Kuper (Bildungsforschung, 2011): Quantitative Auswertungsverfahren, in: Reinders, Heinz, Ditton, Hertmut, Gräsel, Cornelia, Gniewosz Burkhard (Hrsg.), Empirische Bildungsforschung: Strukturen und Methoden, Wiesbaden: Springer Fachmedien Wiesbaden GmbH, 2011, S. 121-129

Helfferich, Cornelia (Qualität, 2011): Die Qualität quantitativer Daten, 4. Aufl., Wiesbaden, 2011

Helfferich, Cornelia (empirische Sozialforschung, 2019): Leitfaden- und Experteninterviews, in: Bauer, Nina, Blasius, Jörg (Hrsg.), Handbuch Methoden der empirischen Sozialforschung, 2. Aufl., Wiesbaden: Springer VS, 2019, S. 669-687

Hermanns, Harry (Handbuch, 2017): Interviewen als Tätigkeit, in: Flick, Uwe, Kardoff, Ernst, Steinke, Ines (Hrsg.), Qualitative Forschung – Ein Handbuch, 12. Aufl., Hamburg: Rowohlt Taschenbuch Verlag, 2017, S. 360-368

Huber, Walter (Industrie 4.0, 2018): Industrie 4.0 kompakt – Wie Technologien unsere Wirtschaft und unsere Unternehmen verändern, Wiesbaden, 2018

Hugl, Ulrike (Mind-Mapping, 2013): Qualitative Inhaltsanalyse und Mind-Mapping: Ein neuer Ansatz für Datenauswertungen und Organisationsdiagnose, Wiesbaden: Springer Fachmedien Wiesbaden, 2013

Kaiser, Robert (Experteninterviews, 2014): Qualitative Experteninterviews: Konzeptionelle Grundlagen und praktische Durchführung, Wiesbaden, 2014

Koch, Jörg, Gebhardt, Peter, Riedmüller, Florian (Marktforschung, 2016): Marktforschung: Grundlagen und praktische Anwendungen, 7. Aufl., Berlin/Boston, 2016

Kowal, Sabine, O´Connell, Daniel, C. (Handbuch, 2017): Zur Transkription von Gesprächen, in: Flick, Uwe, Kardoff, Ernst, Steinke, Ines (Hrsg.), Qualitative Forschung – Ein Handbuch, 12. Aufl., Hamburg: Rowohlt Taschenbuch Verlag, 2017, S. 437-447

Kruse, Jan, Schmieder, Christian (Interviewforschung, 2015): Qualitative Interviewforschung: Ein integrativer Ansatz, 2. Aufl., Weinheim und Basel, 2015

Lange, Jürgen (Datenflut, 2009): Datenflut – Fluch oder Segen?, o. O, 2009

Langenhan, Andreas (Leitfaden, 2012): Wissensmanagement: Leitfaden für die Einführung von Wissensmanagement in Unternehmen, Hamburg: Diplomica Verlag GmbH, 2012

Lux, Thomas (Engineering, 2005): Intranet Engineering, Wiesbaden, 2005

Mayring, Philipp (Inhaltsanalyse, 2015): Qualitative Inhaltsanalyse - Grundlagen und Techniken, 12. Auflage, Weinheim und Basel: Beltz Verlag, 2015

Mayring, Philipp (Sozialforschung, 2016): Einführung in die qualitative Sozialforschung, 6. Aufl., Weinheim und Basel: Beltz Verlag, 2016

Means, Thomas (Communication, 2009): Business Communication, South-Western, 2009

Meier, Stefanie, Lütolg, Daniel, Schillerwein, Stephan (Herausforderung, 2015): Herausforderung Intranet – Zwischen Informationsvermittlung, Diskussionskultur und Wissensmanagement, Wiesbaden, 2015

Meyer-Schönherr, Mirko (Technik, 1992): Szenario-Technik, Ludwigsburg-Berlin: Verlag Wissenschaft & Praxis D Brauner GmbH, 1992

Mietzner, Dana (Vorausschau, 2010): Strategische Vorausschau und Szenarioanalysen, Wiesbaden: GWV Fachverlag GmbH, 2009

Misoch, Sabina (Interviews, 2019): Qualitative Interviews, 2. Aufl., Berlin/Boston: Walter de Gruyter GmbH, 2019

Möhrle, Martin, G., Müller, Sandra (Unternehmensgründung, 2002): Strategische Planung für Unternehmensgründer – Anwendungen der Szenarioanalyse, in: Corsten, Hans (Hrsg.), Dimensionen der Unternehmensgründung – Erfolgsaspekte der Selbstständigkeit, Berlin: Erich Schmidt Verlag GmbH, 2002, S. 71-103

O´Reilly, Tim, Milstein, Sarah (Twitter, 2011): The Twitter Book, u.a. Beijing, Cambridge, Farnham: O´Reilly Media Inc., 2011

Prinz, Wolfgang (Social Media, 2014): Konzepte und Lösungen für das soziale Intranet, in: Rogger, Christine, Karabasz, Ralf (Hrsg.), Social Media im Unternehmen – Ruhm oder Ruin, Wiesbaden, 2014, S. 1-15

Prinz, Wolfgang (Social Media, 2014): Konzepte und Lösungen für das soziale Intranet, in: Rogger, Christine, Karabasz, Ralf (Hrsg.), Social Media im Unternehmen – Ruhm oder Ruin, Wiesbaden, 2014, S. 35-47

Raake, Stefan, Hilker, Claudia (Finanzbranche, 2010): Web 2.0 in der Finanzbranche: Die neue Macht des Kunden, Wiesbaden: GWV Fachverlag GmbH, 2010

Ratajczak, Oliver (Praxis-Tipp, 2016): Praxis-Tipp Social Intranet 2.0, Norderstedt, 2016

von Reibnitz, Ute (Erfolgsplanung, 2013): Szenario-Technik: Instrumente für die unternehmerische und persönliche Erfolgsplanung, 2. Aufl., Wiesbaden: Springer Fachmedien Wiesbaden, 2013

Riemke-Gurzki, Thorsten (Unternehmensportale, 2014): Unternehmensportale und Intranet, Norderstedt, 2014

Roebers, Frank, Leisenberg, Manfred (Theorie und Praxis, 2010): Theorie und Praxis – Web 2.0 im Unternehmen, Hamburg, 2010

Schaal, Ulrich (Contentrechte, 2010): Das strategische Management von Contentrechten,
Wiesbaden: Springer Fachmedien Wiesbaden GmbH, 2010

Schindler, Marie-Christine, Liller, Tapio (PR, 2014): PR im Social Web, 3. Aufl., Köln, 2014

Schwuchow, Karlheinz, Gutmann, Joachim (Hrsg.) (HR-Trends 2019, 2018): HR-Trends 2019 – inklusive Arbeitshilfe online: Strategie, Digitalisierung, Diversität, Demografie, 1. Aufl., Freiburg, 2018

Sprey, Michael (Zukunftsorientiert, 2003): Zukunftsorientiertes Lernen mit der Szenrio-Methode, Bad Heilbrunn/OBB: Verlag Julius Klinkhardt, 2003

Steinke, Ines (Kriterien, 1999): Kriterien qualitativer Forschung: Ansätze zur Beverting qualitativ-empirischer Sozialforschung, München: Juventa Verlag, 1999

Steinke, Ines (Marktforschung, 2007): Die Güte qualitativer Marktforschung, in: Buber, Renate, Holzmüller, Hartmut (Hrsg.), Qualitative Marktforschung, Wiesbaden: Gabler Verlag, 2007, S. 263-280

Steinke, Ines (Handbuch, 2017): Gütekriterien qualitativer Forschung, in: Flick, Uwe, Kardoff, Ernst, Steinke, Ines (Hrsg.), Qualitative Forschung – Ein Handbuch, 12. Aufl., Hamburg: Rowohlt Taschenbuch Verlag, 2017, S. 319-332

Ulbricht, Carsten (Enterprise Wikis, 2011): Enterprise 2.0 und Recht – Risiken vermeiden und Chancen nutzen, in: Seibert, Martin, Preuss, Sebastian, Rauer, Matthias (Hrsg.), Enterprise Wikis – Die erfolgreiche Einführung und Nutzung von Wikis in Unternehmen, Wiesbaden, 2011, S. 95- 115

Vollmuth, Hilmar, J. (Controlling-Instrumente, 2007): Controlling-Instrumente von A-Z: Die wichtigsten Werkzeuge zur Unternehmenssteuerung, 7. Aufl., Planegg/München: Rudolf Haufe Verlag GmbH & Co. KG, 2007

White, Martin (Handbook, 2011): The Instagram Management Handbook, London, 2011

Widuckel, Werner, de Molina, Karl, Ringlstetter, Max J., Frey, Dieter (Arbeitskultur, 2015): Die Unternehmenskultur in Startups – ideale Voraussetzungen für den Einsatz von Social Media im Internet?, in: Grossmann, Christian, Slotosch, Andreas (Hrsg.), Arbeitskultur 2020, Wiesbaden: Springer Fachmedien Wiesbaden, 2015, S. 239-253

Wilms, Falko E.P. (Umgang, 2006): Die Szenariotechnik als Modell für komplexe Probleme, in: Blasche, Ute G. (Hrsg.), Szenariotechnik – Vom Umgang mit der Zukunft, Bern, Stuttgart, Wien: Haupt Verlag, 2006, S. 61-93

Wolf, Frank (Kommunikation, 2011): Social Intranet: Kommunikation fördern, Wissen teilen, effizient zusammenarbeiten, München, 2011

Wycisk, Christine (Flexibilität, 2009): Flexibilität durch Selbststeuerung in logistischen Systemen: Entwicklung eines realoptionsbasierten Bewertungsmodells, Wiesbaden, 2009

Fachzeitschriften

Allgäuer, Jörg, Larisch, Matthias (Trends und Perspektiven, 2014): Trends und Perspek tiven in der Unternehmenskommunikation, C&M Review, Sonderheft 2, S. 50-55

Braun, Torsten (Geschichte und Entwicklung, 2010): Geschichte und Entwicklung des Internets, in Informatik-Spektrum, 33 (2010), Nr. 2, S. 201-207

Herzog, Christoph (Teamwork, 2016): Social Intranet: Teamwork in the digital age, in united planet, (2016), S.1-13

Herzog, Christoph, Sommer, Gerhard, Dornheim, Ania, Krippl, Sabine, Albert, Bernhard, Fischer, Katrin, Patzelt, Olivia, Müller, Martin, Panek, Natalie (Trends, 2018): Social Intranet 2018 – Trends, Themen, Tipps, in: Studies in Communication and Media, (2018), S. 1-27.

Hopf, Christel (Pseudo-Exploration, 1978): Pseudo-exploration – Thoughts in the techniques of qualitative interviews in social research, (2978), Band 7, Heft 2, S. 97-115

Minx, Eckard, Heiko, Roehl (Werkzeugkiste, 2006): Szenario-Technik, in: Werkzeug

Kiste für Berater und Change Manager, (2006), Teil 9, S. 78-81

Schult, Thomas (Workflow, 2014): Sozialer Workflow – Mitarbeiter-Kommunikation im Facebook-Stil, c´t, 4, S. 112-117

Internetquellen

Bachmann, Ralf (Chat-Programm, o J.): Social Intranet ist mehr als nu rein Chat-Programm – Diese 10 Funktionen sollte Ihr Social Intranet besitzen, o J.,<https://arbeitsplatz40.de/social-intranet-ist-mehr-als-nur-ein-chat-programm-diese-10-funktionen-sollte-ihr-social-intranet-besitzen/.html>(o J.) [2019-10-23], zuletzt geprüft am 02.12.2019

Bachmann, Ralf (Tipps, 2018) 5 Tipps für die Einführung eines Social Intranets, die oft vernachlässigt werden, 2018,<https://arbeitsplatz40.de/5-tipps-fuer-die-einfuehrung-eines-social-intranets-die-oft-vernachlaessigt-werden/.html>(16.11.2018) [2019-10-23], zuletzt geprüft am 02.12.2019

Dörner, Stefan (Unterschied, 2016): World Wide Web und Internet – was ist eigentlich der Unterschied?, 2016,<https://t3n.de/news/world-wide-web-internet-unter schied-740611/.html(2016-09-03) [Zugriff am 2019-09-29], zuletzt geprüft am 02.12.2019

Fleig, Jürgen (Grundlagen, 2017): Grundlagen der Szenario-Technik, 2017,< https://www.business-wissen.de/hb/grundlagen-der-szenario-tech nik/.html>(15.08.2017) [2019-10-20], zuletzt geprüft am 02.12.2019

Gabriel, Roland (Definition Intranet, o J.): Definition Intranet, o J.,<https://www.gabler-banklexikon.de/definition/intranet-58987>(o J.) [Zugriff 2019-10-09], zuletzt geprüft am 02.12.2019

Holitzner, Bernd (Transformation, 2018): So gelingt die digitale Transformation, 2018, <https://www.computerwoche.de/a/so-gelingt-die-digitale-transformation,3313052.html>(2018-08-08) [Zugriff 2019-09-26], zuletzt geprüft am 02.12.2019

Knoll, Tom (Internet und Intranet, 2018): Internet und Intranet – das ist der Unterschied, 2018,<https://praxistipps.chip.de/internet-und-intranet-das-ist-der-

unterschied_36662.html>(2018-10-23) [Zugriff am 2019-10-03], zuletzt geprüft am 02.12.2019

Lackes, Richard (Definition, o J.): Web 2.0 – Definition, o J.,<https://wirtschaftslexikon.gabler.de/definition/web-20-51842.html>(o J.) [Zugriff 2019-10-06], zuletzt geprüft am 02.12.2019

Meckel, Astrid (Arbeitnehmer, o J.): Arbeitnehmer, o J.,<https://wirtschaftslexikon.gab ler.de/definition/arbeitnehmer-29883.html>(o J.) [2019-10-23], zuletzt geprüft am 02.12.2019

O´Reilly, Tim (Web 2.0, 2005): What is Web 2.0, 2005,<http://www.oreilly net.com/pub/a/oreilly/tim/news/2005/09/30/what-is-web-20.html>(2005-09-30) [Zugriff am 2019-10-04], zuletzt geprüft am 04.12.2019

o. V. (interne Unternehmenskommunikation, 2019): Wie das Social Intranet eine effiziente interne Unternehmenskommunikation ermöglicht, 2019,<https://unternehmen.handelsblatt.com/social-intranet.html>(2019-06-13) [Zugriff 2019-10-13], zuletzt geprüft am 02.12.2019

o. V. (Unternehmen, 2019): Social Collaboration: Warum Unternehmen interne Kommunikation ernet nehmen müssen, 2019,< https://t3n.de/news/social-collaboration-unternehmen-1175429/.html>(22.07.2019) [2019-11-10], zuletzt geprüft am 02.12.2019

o. V. (Shitstorm, 2019): Shitstorm, 2019,< https://de.wikipedia.org/wiki/Shitstorm.html>(15.09.2019) [2019-11-10], zuletzt geprüft am 02.12.2019

o. V. (Wikipedia, 2019): Wiki, 2019,http://www.wikipedia.orf/wiki/Wiki.html(09.09.2019) [2019-11-08], zuletzt geprüft am 02.12.2019

o. V. (Intranet Begriffserklärung, o J.): Intranet Begriffserklärung und Definition, o J.,< https://www.seo-analyse.com/seo-lexikon/i/intranet/.html>(o J.) [Zugriff 2019-10-22], zuletzt geprüft am 02.12.2019

o. V. (Gütekriterien, o J.): Gütekriterien der qualitativen Forschung, o J.,<https://onlinekurslabor.phil.uni-augsburg.de/course/text/3618/3474.html>(o J.) [2019-10-30], zuletzt geprüft am 02.12.2019

o. V. (Szenario, o J.): Szenariotechnik, Szenariomethode, o J.,< http://www.bpb.de/lernen/formate/methoden/62269/methodenkoffer-detailansicht?mid=275.html>(o J.) [2019-10-20], zuletzt geprüft am 02.12.2019

o. V. (Führungskraft, o J.): Führungskraft, o J.,<https://www.onpulson.de/lexikon/fuehrungskraft/.html>(o J.) [2019-10-23], zuletzt geprüft am 02.12.2019

o. V. (Gesellschaft, o J.): Gesellschaft, o J.,<https://wirtschaftslexikon.gabler.de/definition/gesellschaft-35084.html>(o J.) [2019-10-23], zuletzt geprüft am 02.12.2019

Roland, Gabriel (IT-Sicherheit, o J.) IT-Sicherheit,<https://www.gabler-banklexikon.de/definition/it-sicherheit-70719.html>(o J.) [2019-10-23], zuletzt geprüft am 02.12.2019

Schaffry, Andreas (Security, 2019): Security-Regeln für Social Media, 2019,< https://www.pcwelt.de/ratgeber/Facebook-Twitter-Xing-und-Co-6-Security-Regeln-fuer-Social-Media-6566582.html>(22.09.2019) [2019-11-10], zuletzt geprüft am 02.12.2019

Schulze-Kopp, Andreas (Social, 2013): Was ist eigentlich ein Social Intranet?, 2013, <https://t3n.de/news/eigentlich-social-intranet-504975/.html>(2013-11-10) [Zugriff am 2019-09-29], zuletzt geprüft am 02.12.2019

Siepermann, Markus (Internet, o J.) Internet, o J.,< https://wirtschaftslexikon.gabler.de/definition/internet-37192.html>(o J.) [2019-11-08], zuletzt geprüft am 02.12.2019

Ueberholz, Oliver (Hierarchien, 2019): Flache Hierarchien, weniger Silos und schnellere Entscheidungen, 2019, <https://www.der-bank-blog.de/social-intranet-change/social- media/37653383.html/>(2019-03-27) [Zugriff 2019-09-28] zuletzt geprüft am 02.12.2019

Quellenverzeichnis

Interviewpartner 2 (Social Intranet, 2019): Social Intranet, Interview vom 25. Oktober 2019 in Hannover, im Anhang Nr. 3, 2019

Interviewpartner 5, Interviewpartner 5 (Social Intranet, 2019): Social Intranet, Interview vom 06. November 2019, im Anhang Nr. 6, 2019

Interviewpartner 1 (Social Intranet, 2019): Social Intranet, Interview vom 24 Oktober 2019 in Hannover, im Anhang Nr. 2, 2019

Interviewpartner 4 (Social Intranet, 2019): Social Intranet, Interview vom 31. Oktober 2
019, o. O., im Anhang Nr. 5, 2019

Interviewpartner 6 (Social Intranet, 2019): Social Intranet, Interview vom 29. November
2019, im Anhang Nr. 7, 2019

Interviewpartner 3 (Social Intranet, 2019): Social Intranet, Interview vom 25. Okto ber 2019, o. O., im Anhang Nr. 4, 2019